网页设计任务驱动式教程

主　编　赵燕娟

副主编　马文龙　吴天龙

扫码获取本书数字资源

北　京

冶金工业出版社

2021

内 容 提 要

本书按照真实的网页制作流程，采用任务驱动模式，以一个完整的企业网站实例贯穿各个模块，每个模块围绕网页制作技能精心设计具体任务，按照任务描述→任务实施→知识储备→任务小结的思路编写，主要内容包括网页设计基础、简单网页的制作、表格布局页面、"DIV+CSS"布局页面、表单网页、行为特效设计等。全书以任务为导向，使读者在实施项目任务的过程中循序渐进地掌握网页制作相关技能。

本书既可作为高等职业院校计算机及相关专业的网页设计与制作教材，也可供广大初、中级网页设计爱好者自学使用。

图书在版编目 (CIP) 数据

网页设计任务驱动式教程／赵燕娟主编 .—北京：冶金工业出版社，2021. 12

ISBN 978-7-5024-9004-1

Ⅰ.①网… Ⅱ.①赵… Ⅲ.①网页—设计—教材 Ⅳ.①TP393.092.2

中国版本图书馆 CIP 数据核字 (2021) 第 269255 号

网页设计任务驱动式教程

出版发行	冶金工业出版社	电 话	(010)64027926
地 址	北京市东城区嵩祝院北巷 39 号	邮 编	100009
网 址	www.mip1953.com	电子信箱	service@ mip1953.com

责任编辑 姜晓辉 美术编辑 彭子赫 版式设计 郑小利
责任校对 葛新霞 责任印制 李玉山
北京建宏印刷有限公司印刷
2021 年 12 月第 1 版，2021 年 12 月第 1 次印刷
710mm×1000mm 1/16；8.5 印张；164 千字；128 页
定价 68.00 元

投稿电话 (010)64027932 投稿信箱 tougao@cnmip.com.cn
营销中心电话 (010)64044283
冶金工业出版社天猫旗舰店 yjgycbs.tmall.com
(本书如有印装质量问题，本社营销中心负责退换)

前　言

按照教育部"提高教学质量、推进工学结合、以就业为导向"的要求，结合高职高专院校学生学习的特点，本教材在编写过程中注重理论与实践相结合，根据真实的网页制作流程，以网页制作任务强化技能训练。通过完成网页制作任务，学习者能够掌握使用 Dreamweaver 设计与制作网页的方法，熟悉网页制作的流程，既能满足学生就业的基本需求，又能兼顾学生的可持续发展，为后续课程的学习做好准备。

本教材采用 Dreamweaver CS6 作为网页制作的工具，在深入调研网页设计工作任务的基础上，设计了 7 个单元：站点创建、制作简单网页、制作表格布局网页、制作"DIV+CSS"布局网页、使用模板和库制作网页、制作表单网页、制作包含行为特效的网页。

本教材以一套完整的企业网站制作流程作为教学案例，围绕企业网站这一主题设计了 7 项典型的工作任务、37 项子任务。每个任务由"任务描述""任务实施""知识储备""任务小结"等内容构成。学生在根据任务描述完成任务后，可以掌握岗位需要的专业技能。

本教材的主要特色如下：

（1）内容由简单到复杂。本书遵循学生的认知规律，任务安排由浅入深，覆盖了企业网页设计与制作类岗位的工作过程。

（2）校企合作。本教材编写人员是长期从事网页设计与制作教学的一线骨干教师和企业从事网页设计与制作工作的工程师，所有任务全部来自企业的真实案例，项目根据企业真实工作过程设计。

（3）强化技能训练。本教材按任务驱动方法组织教学内容，将技能训练和知识储备相对分离，在制作网页的每个环节中更加注重培养学生解决实际问题的能力。

（4）实用易用。在所附配套资料（请扫描本书扉页上的二维码)中，有按项目进行分类的全部素材图片和网页源文件。

本教材由衢州职业技术学院赵燕娟任主编，负责拟定全书的大纲、框架设计以及最后的统稿工作；衢州职业技术学院马文龙、衢州今点信息技术有限公司总经理吴天龙任副主编，参与了教材中部分内容的编写和教材的总体结构设计。具体分工如下：吴天龙提供真实的工作情境，参与教材总体结构设计，并从企业网页设计与制作实践角度对教材编写提出意见与建议；马文龙编写单元1、单元2；赵燕娟编写单元3至单元7。

作者致力于探索高职高专院校工学结合的人才培养模式并以此来设计教材内容，由于水平有限，本教材中不妥之处，敬请各位同行及读者批评指正。

作　者

2020 年 10 月

目　录

单元 1　站点创建 ⋯⋯⋯⋯⋯⋯⋯⋯⋯⋯⋯⋯⋯⋯⋯⋯⋯⋯⋯⋯⋯⋯⋯ 1

任务 1　站点的创建 ⋯⋯⋯⋯⋯⋯⋯⋯⋯⋯⋯⋯⋯⋯⋯⋯⋯⋯⋯⋯ 1

任务 1-1　认识 Dreamweaver CS6 的工作界面 ⋯⋯⋯⋯⋯⋯ 1

任务 1-2　创建站点 ⋯⋯⋯⋯⋯⋯⋯⋯⋯⋯⋯⋯⋯⋯⋯⋯⋯⋯⋯ 3

任务 1-3　新建网页 ⋯⋯⋯⋯⋯⋯⋯⋯⋯⋯⋯⋯⋯⋯⋯⋯⋯⋯⋯ 5

任务 1-4　认识 HTML 文档的基本结构 ⋯⋯⋯⋯⋯⋯⋯⋯ 9

任务小结 ⋯⋯⋯⋯⋯⋯⋯⋯⋯⋯⋯⋯⋯⋯⋯⋯⋯⋯⋯⋯⋯⋯⋯⋯ 10

单元 2　制作简单网页 ⋯⋯⋯⋯⋯⋯⋯⋯⋯⋯⋯⋯⋯⋯⋯⋯⋯⋯⋯⋯ 11

任务 2　制作购物指南网页 ⋯⋯⋯⋯⋯⋯⋯⋯⋯⋯⋯⋯⋯⋯⋯⋯ 11

任务 2-1　建立站点目录结构 ⋯⋯⋯⋯⋯⋯⋯⋯⋯⋯⋯⋯⋯ 12

任务 2-2　创建网页 ⋯⋯⋯⋯⋯⋯⋯⋯⋯⋯⋯⋯⋯⋯⋯⋯⋯⋯ 12

任务 2-3　设置页面属性 ⋯⋯⋯⋯⋯⋯⋯⋯⋯⋯⋯⋯⋯⋯⋯⋯ 13

任务 2-4　在网页中输入文字 ⋯⋯⋯⋯⋯⋯⋯⋯⋯⋯⋯⋯⋯ 17

任务 2-5　网页文本的格式化 ⋯⋯⋯⋯⋯⋯⋯⋯⋯⋯⋯⋯⋯ 19

任务 2-6　插入日期和水平线 ⋯⋯⋯⋯⋯⋯⋯⋯⋯⋯⋯⋯⋯ 20

任务 2-7　插入图像 ⋯⋯⋯⋯⋯⋯⋯⋯⋯⋯⋯⋯⋯⋯⋯⋯⋯⋯ 21

任务 2-8　设置超链接与浏览网页效果 ⋯⋯⋯⋯⋯⋯⋯⋯ 21

任务小结 ⋯⋯⋯⋯⋯⋯⋯⋯⋯⋯⋯⋯⋯⋯⋯⋯⋯⋯⋯⋯⋯⋯⋯⋯ 22

单元 3　制作表格布局网页 ⋯⋯⋯⋯⋯⋯⋯⋯⋯⋯⋯⋯⋯⋯⋯⋯⋯ 23

任务 3　制作新闻动态网页 ⋯⋯⋯⋯⋯⋯⋯⋯⋯⋯⋯⋯⋯⋯⋯⋯ 23

任务 3-1　准备工作 ⋯⋯⋯⋯⋯⋯⋯⋯⋯⋯⋯⋯⋯⋯⋯⋯⋯⋯ 23

任务 3-2　插入表格 1 并设置其属性 ⋯⋯⋯⋯⋯⋯⋯⋯⋯ 25

任务 3-3　插入表格 2 并设置其属性 ⋯⋯⋯⋯⋯⋯⋯⋯⋯ 29

任务 3-4　插入表格 3 并设置其属性 ⋯⋯⋯⋯⋯⋯⋯⋯⋯ 36

任务 3-5　插入表格 4 并设置其属性 ⋯⋯⋯⋯⋯⋯⋯⋯⋯ 39

任务 3-6　插入表格 5 并设置其属性 ⋯⋯⋯⋯⋯⋯⋯⋯⋯ 47

任务小结 ⋯⋯⋯⋯⋯⋯⋯⋯⋯⋯⋯⋯⋯⋯⋯⋯⋯⋯⋯⋯⋯⋯⋯⋯ 50

单元 4　制作"DIV+CSS"布局网页 ··· 51

　　任务 4　制作"关于我们"网页 ·· 51

　　　　任务 4-1　准备工作 ·· 51

　　　　任务 4-2　插入区块 box 作为整个页面的容器 ······················· 55

　　　　任务 4-3　插入区块 top 实现顶部效果 ······························· 55

　　　　任务 4-4　插入区块 nav 实现顶部导航效果 ························· 63

　　　　任务 4-5　插入区块 adv 实现广告效果 ······························· 69

　　　　任务 4-6　插入区块 main 实现网页主体效果 ······················· 71

　　　　任务 4-7　插入区块 bottom 实现底部版权信息效果 ··············· 78

　　任务小结 ··· 85

单元 5　使用模板和库制作网页 ··· 86

　　任务 5　制作产品展示网页 ·· 86

　　　　任务 5-1　制作用来生成模板的网页 ······························· 86

　　　　任务 5-2　创建并插入库项目 ·· 90

　　　　任务 5-3　创建模板 ·· 94

　　　　任务 5-4　创建基于模板的网页 ··································· 96

　　　　任务 5-5　修改网页模板并更新网页 ······························· 99

　　　　任务 5-6　修改库项目并更新网页 ··································· 100

　　任务小结 ··· 102

单元 6　制作表单网页 ··· 103

　　任务 6　制作用户注册网页 ·· 103

　　　　任务 6-1　准备工作 ·· 103

　　　　任务 6-2　插入表单并设置属性 ···································· 105

　　　　任务 6-3　使用表格布局表单网页 ··································· 106

　　　　任务 6-4　插入表单控件并设置属性 ······························· 106

　　任务小结 ··· 118

单元 7　制作包含行为特效的网页 ··· 119

　　任务 7　验证用户注册网页信息 ··· 119

　　　　任务 7-1　设置弹出信息行为 ·· 119

　　　　任务 7-2　设置检查表单行为 ·· 122

　　任务小结 ··· 128

单元 1　站点创建

网页是构成网站的基本元素，网站是由多个网页组成的。一般在制作网页之前，应先规划站点，并在本地硬盘创建一个站点来对网页文档、网页素材和样式表等进行统一管理。

本单元以"×××"站点的创建为例，介绍如何在 Dreamweaver CS6 中创建站点以及如何新建、保存和浏览网页，并在此基础上了解网站与网页的相关概念，认识 HTML 文档的基本结构。

任务 1　站点的创建

创建本地站点，通过新建、保存、浏览网页了解 HTML 文档的基本结构。

任务 1-1　认识 Dreamweaver CS6 的工作界面

【任务描述】

熟悉 Dreamweaver CS6 工作界面的基本组成和主要功能。

【任务实施】

Dreamweaver CS6 的工作界面如图 1-1 所示。

1. 菜单栏

Dreamweaver CS6 的菜单栏包含 10 类菜单：文件、编辑、查看、插入、修改、格式、命令、站点、窗口和帮助。

2. 工具栏

Dreamweaver CS6 的工具栏中包含多种网页元素的插入按钮，这些按钮根据插入元素的种类放置于常用、布局、表单、文本等工具按钮组中。

3. 文档标签

文档标签用于显示文档的名称。

4. 文档工具栏

文档工具栏中包含用于切换文档窗口视图的〖代码〗、〖拆分〗、〖设计〗、〖实时视图〗按钮和一些常用功能按钮。

5. 文档窗口

文档窗口也称为文档编辑区，该窗口所显示的内容可以是代码、网页，或者两者的共同体。用户可以在文档工具栏中单击〖代码〗、〖拆分〗或者〖设计〗按钮，切换窗口视图。

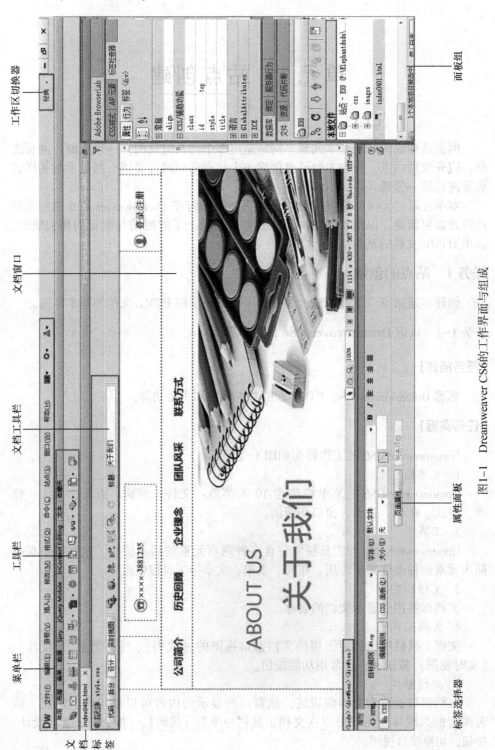

图1-1　Dreamweaver CS6的工作界面与组成

6. 工作区切换器

工作区切换器中包括应用程序开发人员、经典、设计器等工作区模式，通过切换工作区模式可以改变 Dreamweaver CS6 的工作界面。

7. 标签选择器

在文档窗口底部的状态栏中，显示环绕当前选定内容标签的层次结构，单击该层次结构中的任何标签，可以选择该标签及网页中对应的内容。

8. 属性面板

属性面板用于查看和更改所选取的对象或文本的各种属性，每个对象有不同的属性。属性面板比较灵活，它随着选择对象不同而改变。例如，当选择一幅图像，属性面板上将出现该图像的对应属性；如果选择表格，则属性面板会显示对应表格的相关属性。

9. 面板组

Dreamweaver CS6 包括多个面板，这些面板都有不同的功能，将它们叠加在一起便形成了面板组。面板组主要包括"插入"面板、"CSS"面板、"AP 元素"面板、"标签检查器"面板、"文件"面板、"资源"面板和"代码片断"面板等。

10. 文件面板

网站是多个网页、图像、动画、程序等文件有机联系的整体，要有效地管理这些文件及其之间的联系，需要一个有效的工具，文件面板便是这样的工具。

任务 1-2 创建站点

【任务描述】

创建一个名称为"EDD"的本地站点，站点文件夹为"unit01/task01"。

【任务实施】

1. 创建本地站点文件夹

在电脑中创建一个文件夹作为本地站点根文件夹，例如：在 F 盘新建"Elephantdudu"文件夹，在"Elephantdudu"文件夹下新建"unit01"文件夹，在"unit01"文件夹下新建"task01"文件夹。

2. 打开〖管理站点〗对话框

在 Dreamweaver 的〖文件〗面板中打开〖管理站点〗对话框，如图 1-2 所示。

3. 新建站点

单击〖管理站点〗窗口中的〖新建站点〗按钮，打开〖站点设置对象〗对话框，如图 1-3 所示。

4. 设置本地站点信息

在〖站点设置对象〗对话框的"站点名称"文本框中输入站点名称"EDD"，

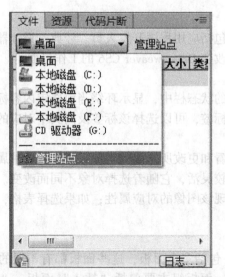

图 1-2　选择〖管理站点〗菜单

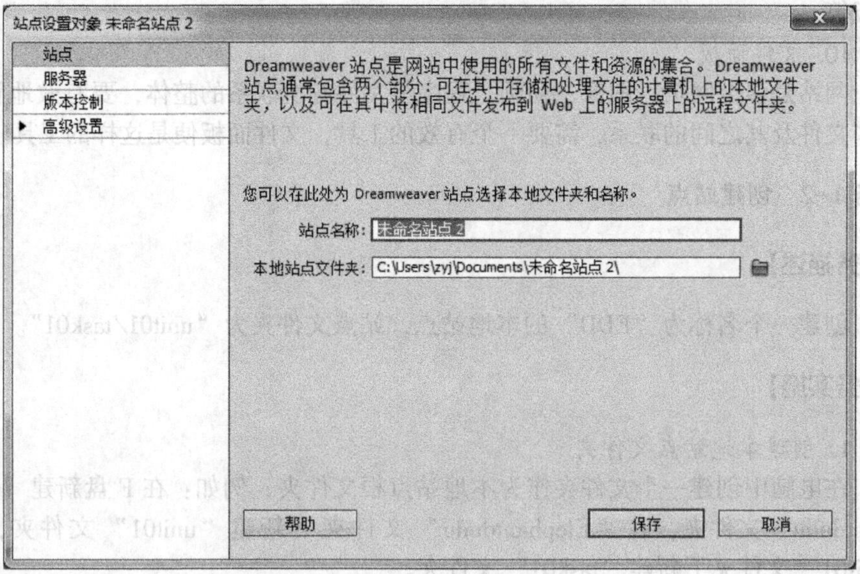

图 1-3　〖站点设置对象〗对话框

在"本地站点文件夹"为步骤 1 创建的文件夹"F：\ Elephantdudu \ unit01/task01"，如图 1-4 所示。

5. 保存创建的站点

在〖站点设置对象〗对话框中单击〖保存〗按钮，保存创建的站点，在〖文件〗面板中看到如图 1-5 所示信息。

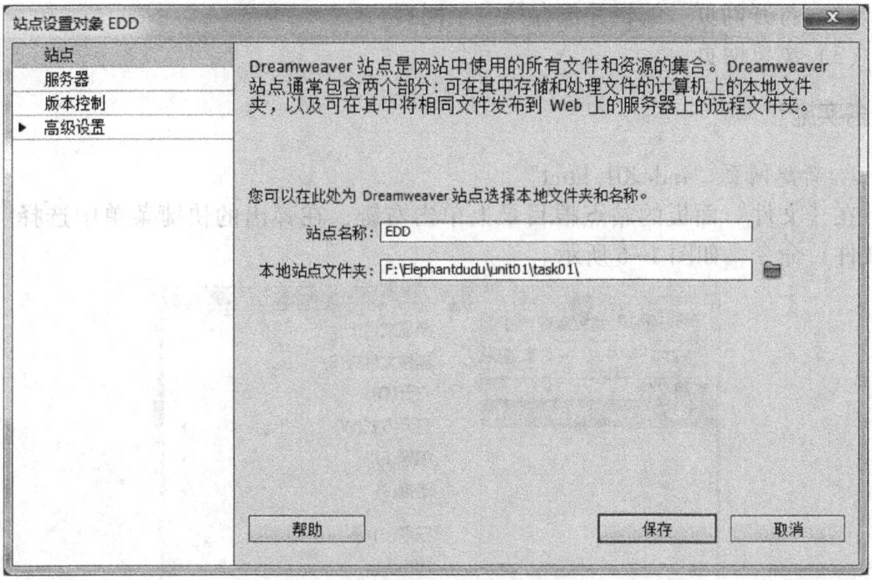

图 1-4　设置本地站点信息

图 1-5　本地站点"EDD"

任务 1-3　新建网页

【任务描述】

（1）新建网页"index01.html"。

（2）打开网页，编辑并保存第一个网页。

（3）浏览网页。

【任务实施】

1. 新建网页"index01. html"

在〖文件〗面板的站点根目录上单击右键，在弹出的快捷菜单中选择〖新建文件〗命令，如图1-6所示。

图1-6 〖新建文件〗快捷菜单

此时建立一个名称为"untitled. html"的文件，如图1-7所示。将文件重命名为"index01. html"，如图1-8所示。

图1-7 新建文件的默认名称

图1-8 创建的第一个网页

2. 打开网页，编辑并保存第一个网页

在〖文件〗面板中双击新建的网页"index01. html"，在文档窗口打开网页，如图1-9所示。

图1-9　打开网页

在〖文档工具栏〗的〖标题〗文本框中输入"×××",在文档窗口的设计视图中输入文字"×××网站欢迎您的光临!",如图1-10所示。

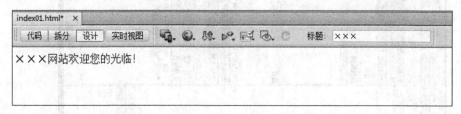

图1-10 编辑网页

按组合键"Ctrl+S"保存网页。

保存网页有以下三种方法：

方法一：单击〖标准〗工具栏中的〖保存〗按钮或者〖全部保存〗按钮。

方法二：在 Dreamweaver CS6 主窗口的选择命令〖文件〗→〖保存〗或者〖保存全部〗。

方法三：按组合键"Ctrl+S"。

3. 浏览网页

按 F12 快捷键,在浏览器中浏览网页"index01. html",如图1-11所示。

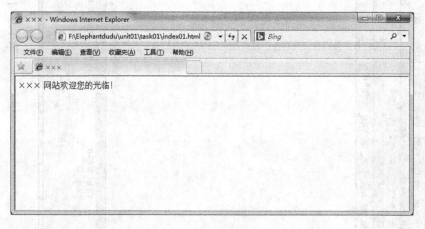

图1-11 浏览网页

浏览网页有以下三种方法：

方法一：按 F12 快捷键,会在默认浏览器中打开网页。

方法二：选择菜单〖文件〗→〖在浏览器中预览〗→〖IExplore〗。

方法三：单击〖文档工具栏〗中〖在浏览器中预览/调试〗按钮,在弹出的快捷菜单中单击〖预览在 IExplore〗按钮。

任务 1-4　认识 HTML 文档的基本结构

【任务描述】

认识 HTML 文档的基本结构。

【任务实施】

利用 Dreamweaver CS6 创建的网页，会自动生成 HTML 代码。单击〖文档工具栏〗中的〖代码〗按钮切换到代码视图，网页的 HTML 代码如下。

```
<! DOCTYPE html PUBLIC "-//W3C//DTD XHTML 1.0 Transitional//EN" "http：//
www. w3. org/TR/xhtml1/DTD/xhtml1-transitional. dtd">
<html xmlns="http：//www. w3. org/1999/xhtml">
  <head>
    <meta http-equiv="Content-Type" content="text/html；charset=utf-8"/>
    <title>×××</title>
  </head>
  <body>
  ×××网站欢迎您的光临！
  </body>
</html>
```

超文本标记语言 HTML（HyperText Mark-up Language），是构成网页文档的主要语言。HTML 通过标记式的指令来说明文字、图形、动画、声音、表格、链接等，当用浏览器浏览网页时，浏览器读取并解释执行 HTML 代码，从而显示网页内容。

HTML 文档的基本结构如下：

（1）文档类型声明。HTML 文档在起始几行进行文档类型声明，它用于说明文档的类型及其所遵守的 HTML 版本。如在网页"index01. html"中，其文档类型声明如下所示：

```
<! DOCTYPE html PUBLIC "-//W3C//DTD XHTML 1.0 Transitional//EN" "http：//
www. w3. org/TR/xhtml1/DTD/xhtml1-transitional. dtd">
```

（2）html 标签对。<html>标签位于 HTML 文档的最前面，用来标识 HTML 文档的开始；</html>标签位于 HTML 文档的最后面，用来标识 HTML 文档的结束。

（3）head 标签对。<head>头部标签用来说明 HTML 文档的有关信息，可以包含一些辅助性标签，如<title><link><meta><script>等。其中，<title>标题标签的内容会显示在浏览器标题栏；<meta>标签提供页面元信息，用于设置网页关键字和说明。

（4）body 标签对。body 标签是 HTML 文档的主体部分，网页中的所有内容都放置在该标签内。

任务小结

本单元通过第一个网页的制作，介绍了站点的创建，网页的新建、保存和浏览，认识了 HTML 文档的基本结构，对 HTML 的语法有了初步了解。

单元 2　制作简单网页

　　文本与图像是构成网页最基本的元素，本章通过制作一个简单网页，学会建立站点目录结构、创建与保存网页、设置页面属性、在网页中输入文本、网页文本的格式化以及日期、水平线和图像的插入及相关属性设置。

　　本单元以制作×××网站购物指南网页为例，通过制作一个简单的图文混排页面，学会建立站点目录结构、创建与保存网页、设置页面属性、在网页中输入文本、网页文本的格式化以及日期、水平线和图像的插入及相关属性设置。

任务 2　制作购物指南网页

　　制作一个包括文本和图像的简单网页，介绍×××网站的购物流程，网页的浏览效果如图 2-1 所示。

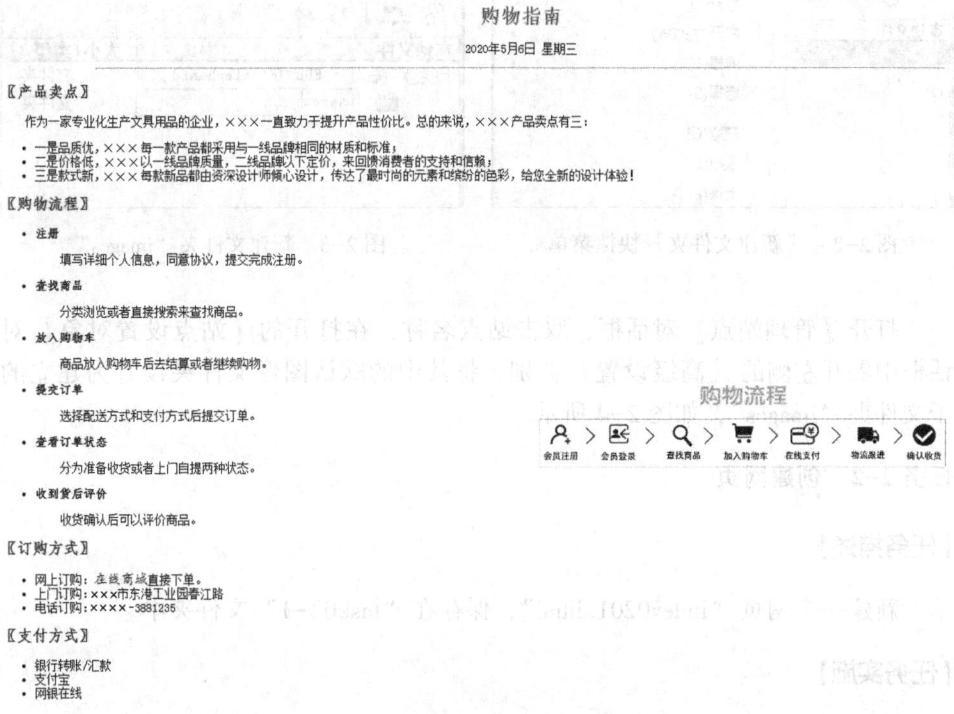

图 2-1　简单网页的浏览效果

任务2-1 建立站点目录结构

【任务描述】

（1）创建站点，站点目录结构"Elephantdudu \ unit02\ task02-1"。

（2）在站点中建立子文件夹"images"，设置默认图像文件夹。

【任务实施】

1. 创建站点

在"Elephantdudu"文件夹下新建"unit02"文件夹，在"unit02"文件夹下新建"task02-1"文件夹，作为单元2的本地点站文件夹。

2. 建立子文件夹"images"

在〖文件〗面板中已经建好的站点根目录上单击右键，在弹出的快捷菜单中选择〖新建文件夹〗命令，如图2-2所示；然后将文件夹重命名为"images"作为图像素材文件夹，如图2-3所示。

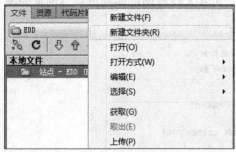
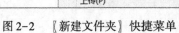
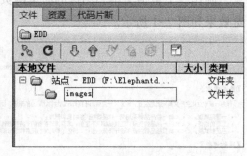

图2-2 〖新建文件夹〗快捷菜单　　　　图2-3 新建文件夹"images"

打开〖管理站点〗对话框，双击站点名称，在打开的〖站点设置对象〗对话框中展开左侧的〖高级设置〗类别，将其中的默认图像文件夹设置为建立的子文件夹"images"，如图2-4所示。

任务2-2 创建网页

【任务描述】

新建一个网页"index0201.html"，保存在"task02-1"文件夹中。

【任务实施】

在〖文件〗面板的站点根目录上单击右键，在弹出的快捷菜单中选择〖新

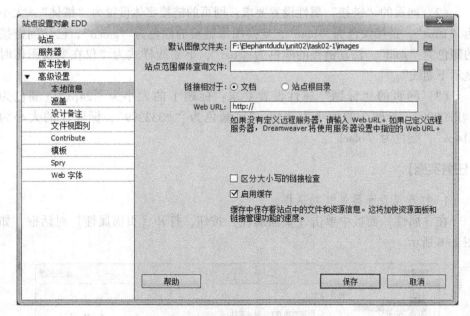

图 2-4　设置默认图像文件夹 "images"

建文件】命令，然后将文件重命名为 "index0201.html"，完成效果如图 2-5
所示。

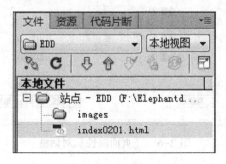

图 2-5　新建网页

双击新建的网页 "index0201.html"，设置网页标题为 "××购物指南"。

任务 2-3　设置页面属性

【任务描述】

（1）网页的 "外观" 属性设置要求：网页的 "页面字体" 设置为 "宋体"，
"大小" 设置为 "14px"；"背景颜色" 设置为 "#FBFBFB"；"左边距" 和 "右
边距" 设置为 "50px"，"上边距" 和 "下过距" 设置为 "10px"。

（2）网页的"链接"属性设置要求：网页的链接字体设置为"楷体"，大小为"16px"，链接颜色为"blue"，变换图像链接的颜色为"green"，已访问链接的颜色为"gold"，活动链接的颜色为"red"，下划线样式为"仅在变换图像时显示下划线"。

（3）网页的"标题"属性设置要求：标题1的大小为"24px"，颜色为"#FF0000"；标题2的大小为"18px"，颜色为"#333399"；标题3的大小为"14px"，颜色为"black"。

【任务实施】

1. 打开〖页面属性〗对话框

在〖属性〗面板中单击〖页面属性〗按钮，打开〖页面属性〗对话框，如图2-6所示。

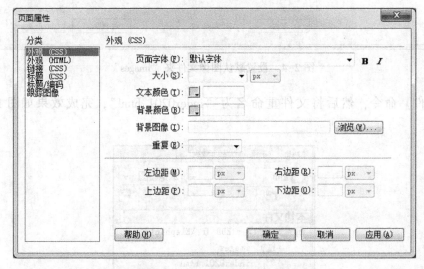

图2-6 〖页面属性〗对话框

在〖页面属性〗对话框左边的"分类"列表框中列出了6种类别，选择其中一种类别后可以在右边设置相应的属性。

2. 设置"外观（CSS）"属性

（1）左边"分类"列表中选择"外观（CSS）"选项。

（2）设置页面字体。从"页面字体"下拉列表框中选择"宋体"，如图2-7所示，打开〖编辑字体列表〗对话框，如图2-8所示。在该对话中的"可用字体"列表框中选取"宋体"，单击"<<"按钮，"选择的字体"和"字体列表"中就会出现该字体，单击〖确定〗按钮，所选取的字体便会出现在"页面字体"列表框中，再次选择即可。

图 2-7　"页面字体"下拉列表框

图 2-8　〖编辑字体列表〗对话框

（3）设置页面字体大小。从"大小"下拉列表框中输入或选择"14"，单位为像素（px）。

（4）设置网页的背景颜色。在"背景颜色"文本框中输入以"#"开头的十六进制 RGB 颜色值#FBFBFB。

（5）设置页面边距。在"左边距""右边距""上边距""下边距"文本框中分别输入"50、50、10、10"，单位为像素（px）。"外观（CSS）"属性的设置如图 2-9 所示。

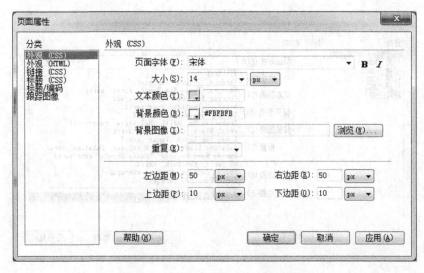

图 2-9　设置"外观（CSS）"属性

3. 设置"链接"属性

（1）在〖页面属性〗对话框左边的"分类"列表框中选择"链接（CSS）"。

（2）在"链接字体"列表框中选择"楷体"，在"大小"列表框中选择"16"，单位为像素（px）。

（3）在"链接颜色"文本框中输入"blue"，在"变换图像链接"文本框中输入"green"，在"已访问链接"文本框中输入"gold"，在"活动链接"文本框中输入"red"，在"下划线样式"列表框中选择"仅在变换图像时显示下划线"。

HTML 预设了一些颜色名称，如蓝色为"blue"、红色为"red"、绿色为"green"、金色为"gold"等，HTML 文档支持通过颜色名称赋值。

"链接"属性的设置如图 2-10 所示。

4. 设置"标题"属性

（1）在〖页面属性〗对话框左边的"分类"列表中选择"标题（CSS）"。

（2）在"标题 1"的"大小"列表框中选择"24"，单位默认为像素（px），颜色文本框中输入"#FF0000"。

（3）在"标题 2"的"大小"列表框中选择"18"，单位默认为像素（px），颜色文本框中输入"#333399"。

（4）在"标题 3"的"大小"列表框中选择"14"，单位默认为像素（px），颜色文本框中输入"black"。

"标题"属性的设置如图 2-11 所示。

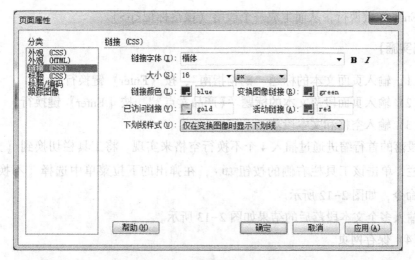

图 2-10 设置"链接"属性

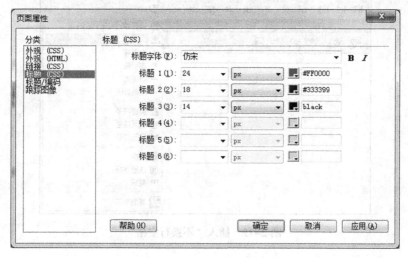

图 2-11 设置"标题"属性

5. 保存网页的属性设置。

在〖页面属性〗对话框单击〖确定〗按钮或〖应用〗按钮，并使用"Ctrl+S"保存网页的属性设置。

任务 2-4 在网页中输入文字

【任务描述】

在网页中输入多个标题和正文文字，注意每输入一个标题或一个段落文字后按〖Enter〗键换行，从而生成一个段落（段落标记<p>）。

【任务实施】

（1）输入页面文本的标题"购物指南"，按〖Enter〗键换行。

（2）输入页面段落文本的标题"〖产品卖点〗"，按〖Enter〗键换行。

（3）输入空格和文本段落。

段落的首行缩进通过插入4个不换行空格来实现。将工具栏切换到〖文本〗工具栏，单击该工具栏右侧的按钮 ，在弹出的下拉菜单中选择〖不换行空格〗命令，如图2-12所示。

输入多个文本段落后的结果如图2-13所示。

（4）保存网页。

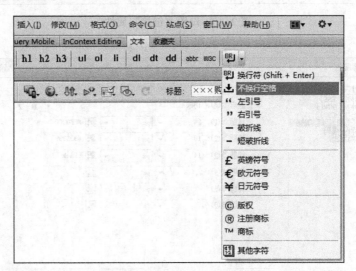

图 2-12 插入"不换行空格"

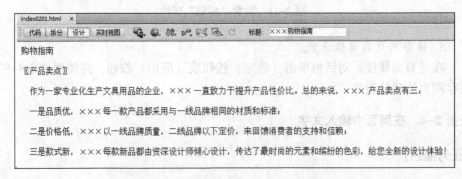

图 2-13 输入空格和多个文本段落

任务 2-5 网页文本的格式化

【任务描述】

（1）将网页的文本标题"购物指南"的格式设置为"标题1"，并在网页中居中对齐。

（2）将网页的段落标题"〖产品卖点〗""〖购物流程〗""〖订购方式〗""〖支付方式〗"的格式设置为"标题2"。

（3）将介绍"产品卖点""订购方式""支付方式"的文本、设置为"项目列表"。

（4）将"〖购物流程〗"各段落小标题设置为项目列表。

【任务实施】

1. 设置标题"购物指南"的格式

选中网页的文本标题"购物指南"，在 HTML〖属性〗面板的"格式"下拉列表框中选择"标题1"，如图 2-14 所示。切换到 CSS〖属性〗面板，单击〖居中对齐〗按钮，使页面文本标题居中显示，如图 2-15 所示。

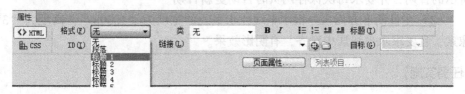

图 2-14 "标题1"格式

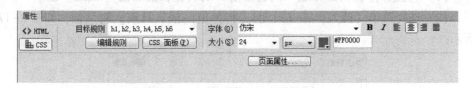

图 2-15 "居中对齐"按钮

2. 设置各个段落标题的格式属性

选中第 1 个段落标题"〖产品卖点〗"，在 HTML〖属性〗面板的"格式"下拉列表框中选择"标题2"。其他三个段落标题"〖购物流程〗""〖订购方式〗""〖支付方式〗"使用相同的方法进行设置。

3. 设置介绍"产品卖点""订购方式""支付方式"的文本为"项目列表"

选中"三个产品卖点"介绍文本，单击 HTML〖属性〗面板中的〖项目列表〗按钮，将所选中的文本设置为项目列表，如图 2-16 所示。其他两个段落

"订购方式"和"支付方式"的文本也使用相同的方法设置为项目列表。

图 2-16　"项目列表"按钮

4. 设置"〖购物流程〗"各段落小标题为项目列表

分别选中"〖购物流程〗"各段落小标题，单击 HTML〖属性〗面板中的〖项目列表〗按钮，将所选中的文本设置为项目列表。

保存对网页文本的格式设置。

任务 2-6　插入日期和水平线

【任务描述】

（1）在网页的文本标题"购物指南"后插入如"2020 年 5 月 6 日 星期三"所示的日期，并要求每次保存网页时自动更新日期。

（2）在日期下方插入一根水平线，水平线的宽度为"1000px"，高度为"3"像素，且要求水平线居中对齐，有阴影效果。

【任务实施】

1. 插入日期

（1）将光标停在页面标题"购物指南"的右侧，然后按〖Enter〗键。

（2）选择菜单〖插入〗→〖日期〗，将弹出〖插入日期〗对话框，如图 2-17 所示。

图 2-17　"插入日期"对话框参数设置

（3）在〖插入日期〗对话框中，"星期格式"下拉表框中选取"星期四"，"日期格式"选取"1974 年 3 月 7 日"，"时间格式"列表框中保持其默认设置，选中"储存时自动更新"复选框，然后单击〖确定〗按钮，生成所要的日期效果。

（4）保存插入的日期。

2. 插入水平线

（1）将光标停在所插入的日期的右侧，选择菜单〖插入〗→〖HTML〗→〖水平线〗，即可在日期后插入一条水平线。

（2）在网页文档中单击选中刚插入的水平线，在其〖属性〗面板的"宽"文本框中输入"1000"，"高"文本框中输入"3"，"对齐"列表框中选中"居中对齐"，选中"阴影"复选框，如图 2-18 所示。

图 2-18　水平线属性设置

（3）保存网页。

任务 2-7　插入图像

【任务描述】

在网页中插入图像 gwlc. jpg，且设置其属性：宽为"500"，高为"120"，水平边距为"100"，垂直边距为"25"，对齐方式为右对齐。

【任务实施】

（1）将光标定位在文本"商品放入购物车后去结算或者继续购物。"的后面，单击〖常用〗工具栏中的〖插入图像〗按钮，在打开的〖选择图像源文件〗对话框中选择需要插入的图像文件 gwlc. jpg。

（2）设置图像的属性。选中插入的图像，单击鼠标右键，在弹出的快捷菜单中选择〖编辑标签 E<img>〗命令，在弹出的〖标签编辑器-img〗窗口中设置图像的宽度、高度、水平间距、垂直间距及对齐方式，如图 2-19 所示。

单击〖确定〗按钮，并保存网页中插入的图像和设置的图像属性。

任务 2-8　设置超链接与浏览网页效果

【任务描述】

（1）在网页中将文本"在线商城"设置为超链接。

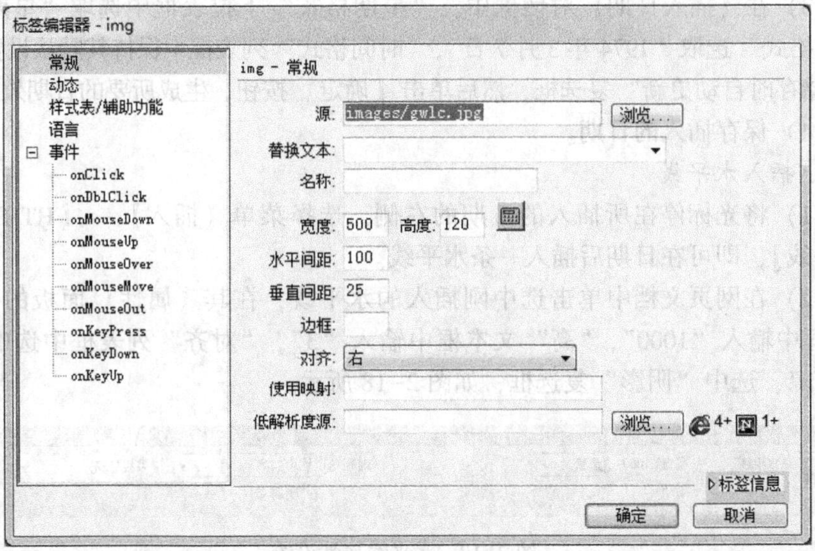

·22· 单元2 制作简单网页

图 2-19　图像属性设置

（2）在浏览器中浏览网页"index0201. html"的效果。

【任务实施】

1. 设置超链接

在网页中选中"〖订购方式〗"段落中的文本"在线商城"，然后在〖属性〗面板的"链接"文本框中输入"#"，即链接到当前页面，此时文本"在线商城"的颜色自动变为"blue"，这是因为在〖页面属性〗对话框中设置了"链接颜色"。

2. 浏览网页效果

按快捷键 F12 浏览网页效果。

任务小结

本单元通过简单网页的制作，介绍了建立站点目录结构、创建网页、设置页面属性、在网页中输入与编辑文本、对网页文本格式化、日期和水平线的插入及图像的插入等内容。

单元 3 制作表格布局网页

表格是网页设计制作不可缺少的重要元素,通过表格可以将数据、文本、图片、表单等网页元素合理有序地布局在页面上,使页面结构整齐、版面清晰。

本单元以制作新闻动态网页为例,介绍如何在页面中插入表格并合理设置表格的属性,如何在表格中插入嵌套表格,如何设置表格中行和列的属性,如何插入、删除行或列,如何正确设置表格、单元格的背景图像象和背景颜色,以及如何在表格中输入文字、插入图像和 SWF 动画。

任务 3 制作新闻动态网页

制作一个表格布局的网页,介绍×××网站的新闻动态,网页的浏览效果如图 3-1 所示。

网页的整体布局如图 3-2 所示。

任务 3-1 准备工作

【任务描述】

(1) 创建站点,站点目录结构 "Elephantdudu \ unit03\ task03-1"。
(2) 在站点中建立子文件夹 "images",设置默认图像文件夹。
(3) 新建网页 "index0301. html",设置网页标题。
(4) 设置页面整体属性。

【任务实施】

1. 创建站点

在 "Elephantdudu" 文件夹下新建 "unit03" 文件夹,在 "unit03" 文件夹下新建 "task03-1" 文件夹,作为单元 3 的本地点站文件夹。

2. 建立子文件夹 "images"

在〖文件〗面板中已经建好的站点根目录上单击右键,在弹出的快捷菜单中选择〖新建文件夹〗命令,然后将文件夹重命名为 "images",并将文件夹 "images" 设置为 "默认图像文件夹"。

3. 新建网页 "index0301. html"

在站点根目录下新建一个网页 "index0301. html",双击打开网页 "index0301. html",设置网页标题为 "×××新闻动态"。

图 3-1 表格布局网页的浏览效果

4. 设置页面整体属性

在〖属性〗面板中单击〖页面属性〗按钮，打开〖页面属性〗对话框。在"外观（CSS）"分类中设置网页的"页面字体"为"宋体"，"大小"为"14px"，文本颜色为"#000"；"背景颜色"为"#f2f2f2"；"上边距"为"30px"，"左边距""右边距"和"下边距"均为"0px"。

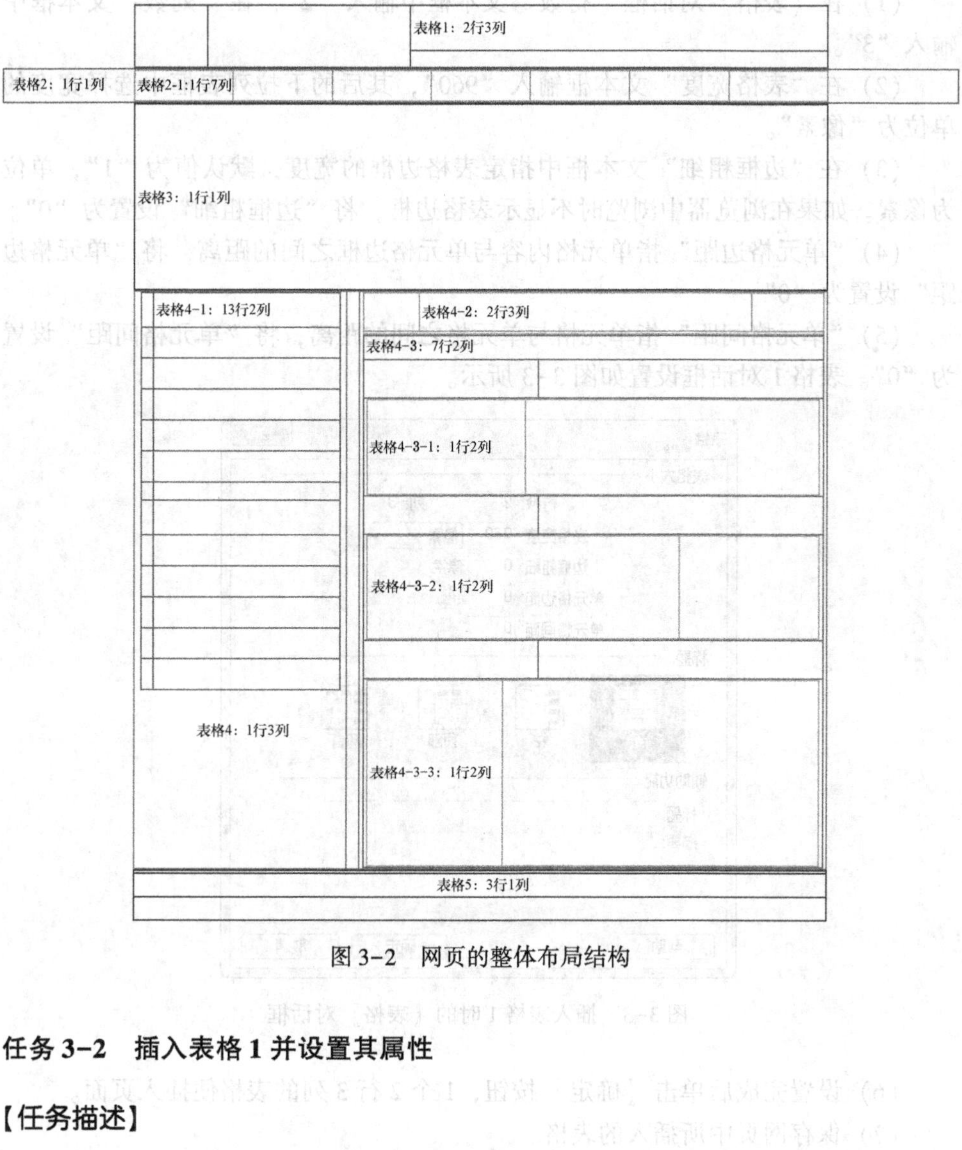

图 3-2 网页的整体布局结构

任务 3-2 插入表格 1 并设置其属性

【任务描述】

插入一个 2 行 3 列的表格 1，并设置其属性：宽为 "960"，边框为 "0"，填充、间距为 "0"，对齐方式为居中对齐。

【任务实施】

1. 通过 "表格" 对话框插入表格 1

在〖常用〗工具栏中单击 "表格" 按钮 ⊞，打开〖表格〗对话框。

（1）在〖表格〗对话框"行数"文本框中输入"2"，在"列数"文本框中输入"3"。

（2）在"表格宽度"文本框输入"960"，其后的下拉列表框中选择宽度的单位为"像素"。

（3）在"边框粗细"文本框中指定表格边框的宽度，默认值为"1"，单位为像素。如果在浏览器中浏览时不显示表格边框，将"边框粗细"设置为"0"。

（4）"单元格边距"指单元格内容与单元格边框之间的距离，将"单元格边距"设置为"0"。

（5）"单元格间距"指单元格与单元格之间的距离，将"单元格间距"设置为"0"。表格 1 对话框设置如图 3-3 所示。

图 3-3　插入表格 1 时的〖表格〗对话框

（6）设置完成后单击〖确定〗按钮，1 个 2 行 3 列的表格便插入页面。

（7）保存网页中所插入的表格。

2．设置表格 1 的属性

（1）选择所插入的表格 1。用鼠标在表格 1 任意一个单元格内单击，弹出标识表格宽度的数字 960▾ ；单击该数字，弹出如图 3-4 所示的下拉菜单，选择〖选择表格〗命令即可选中整个表格。

（2）通过表格的〖属性〗面板设置其属性。选择表格 1 后其〖属性〗面板如图 3-5 所示。在文字"表格"下方的组合框中设置表格 ID 为"表格 1"，并将对齐方式设置为"居中对齐"，如图 3-6 所示。

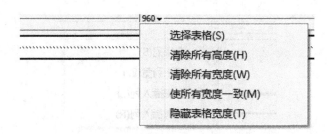

图 3-4 单击标识表格宽度的数字时弹出的下拉菜单

图 3-5 表格 1 的〖属性〗面板

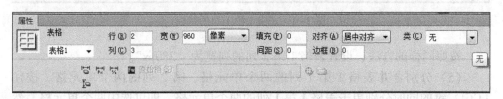

图 3-6 设置表格 1 的属性

（3）设置表格 1 的行高。将鼠标指针指向表格 1 第 1 行的左边线，当鼠标指针变成一个黑色箭头开关时，单击鼠标左键即可选中表格 1 第 1 行。在行〖属性〗面板中的"高"文本框中输入行的高度为"59"，单位默认为 px，如图 3-7 所示。

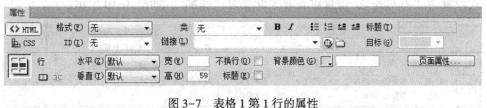

图 3-7 表格 1 第 1 行的属性

按照同样的方法，设置表格 1 第 2 行的行高为"21px"。

（4）设置表格 1 的列宽。将鼠标指向表格 1 第 1 列的表格横线，在第 1 列的上方会出现一个选择按钮 ▼ 。单击该按钮，会弹出如图 3-8 所示的快捷菜单，选择〖选择列〗命令即可选中表格 1 的第 1 列。

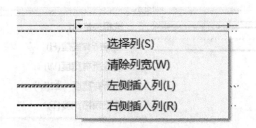

图3-8 表格列对应的快捷菜单

在列〖属性〗面板中的"宽"文本框中输入列的宽度为"100",单位默认为 px,如图 3-9 所示。

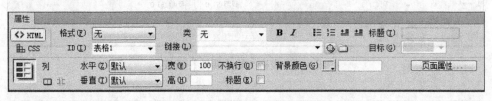

图3-9 表格1第1列的属性

按照同样的方法,设置表格1第2列的列宽为"280px"。

(5) 分别合并表格1第1列的两个单元格、第2列的两个单元格。按住〖Ctrl〗键的同时分别单击表格1第1列的两个单元格,即可选中两个单元格,然后单击〖属性〗面板中的〖合并所选单元格〗按钮 ▣,即可完成第1列两个单元格的合并。

按照同样的方法,合并表格1第2列的两个单元格。

(6) 设置表格1第3列上方单元格的对齐方式。按住〖Ctrl〗键的同时单击表格1第3列上方的单元格,即可选中该单元格,然后将该单元格的水平对齐方式设置为"右对齐",垂直对齐方式设置为"底部",如图 3-10 所示。

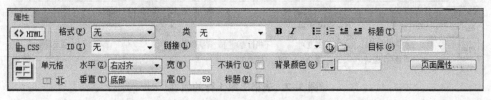

图3-10 表格1第3列上方单元格的属性设置

3. 添加表格1的内容

(1) 在表格1第1列、第2列单元格中插入图像。将光标置于表格1第1列的合并单元格内,插入图像"logo1. png"。选取所插入的图像,在其〖属性〗面板中设置宽为"97px",高为"80px",如图 3-11 所示。

图 3-11 表格 1 第 1 列合并单元格中图像的属性设置

按照同样的方法,在表格 1 第 2 列的合并单元格内插入图像"logowz1. png",并设置其宽为"280px",高为"80px"。

(2) 在表格 1 第 3 列上方单元格中输入文本。在表格 1 第 3 列上方单元格中输入文本"24 小时咨询热线:××××-3881235",选中输入文本后,在 CSS〖属性〗面板的目标规则下拉列表中选择"<新内联样式>"命令,设置其字体为"宋体",大小为"14",颜色为"#0c4da2",如图 3-12 所示。

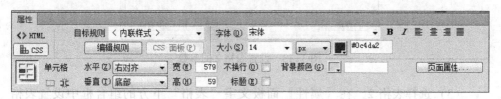

图 3-12 表格 1 第 3 列上方单元格中文本的属性设置

保存网页中表格 1 及其属性设置。

任务 3-3 插入表格 2 并设置其属性

【任务描述】

插入一个 1 行 1 列的表格 2,并设置其属性:宽为"100%",边框为"0",填充、间距为"0",对齐方式为居中对齐。

【任务实施】

1. 通过"表格"对话框插入表格 2

(1) 将光标置于表格 1 的右侧,在〖常用〗工具栏中单击"表格"按钮, 打开〖表格〗对话框。

(2) 在〖表格〗对话框"行数"文本框中输入"1",在"列数"文本框中输入"1",在"表格宽度"文本框输入"100",其后的下拉列表框中选择宽度的单位为"%",在"边框粗细"文本框中输入"0",在"单元格边距"文本框中输入"0",在"单元格间距"文本框中输入"0",单击〖确定〗按钮。

表格 2 对话框设置如图 3-13 所示。

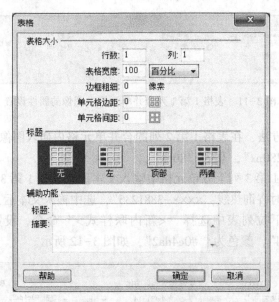

图 3-13 设置表格 2 的参数

(3) 选择表格 2, 在〖属性〗面板文字 "表格" 下方的组合框中设置表格 ID 为 "表格 2", 并将对齐方式设置为 "居中对齐"。

(4) 选中表格 2 中的行, 在〖属性〗面板中设置行高 "40", 背景颜色 "#DA251D", 如图 3-14 所示。

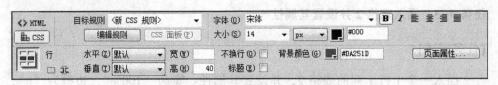

图 3-14 设置表格 2 行的参数

2. 在表格 2 的单元格内插入嵌套表格 2-1

(1) 将光标置于表格 1 的单元格内, 在〖常用〗工具栏中单击 "表格" 按钮 田, 打开〖表格〗对话框。在〖表格〗对话框 "行数" 文本框中输入 "1", 在 "列数" 文本框中输入 "7", 在 "表格宽度" 文本框输入 "960", 单位设置为 "像素", 在 "边框粗细" 文本框中输入 "0", 在 "单元格边距" 文本框中输入 "0", 在 "单元格间距" 文本框中输入 "0", 单击〖确定〗按钮。

表格 2-1 对话框设置如图 3-15 所示。

(2) 选择表格 2-1, 在〖属性〗面板文字 "表格" 下方的组合框中设置表格 ID 为 "表格 2-1", 并将对齐方式设置为 "居中对齐"。

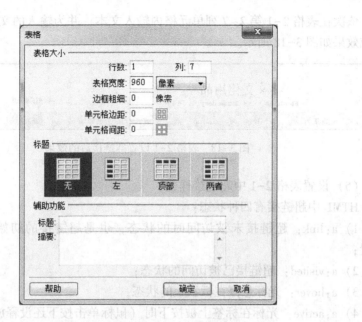

图 3-15　设置表格 2-1 的参数

（3）选择表格 2-1 中的第 1 列，设置其宽度"137"，高度"40"，"水平居中对齐"，如图 3-16 所示。

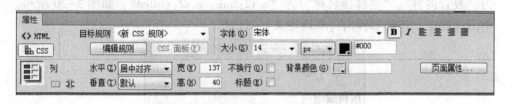

图 3-16　设置表格 2-1 第 1 列的参数

依次设置表格 2-1 第 2-7 列的列宽为"137"，"水平居中对齐"。

（4）将光标置于表格 2-1 第 1 列单元格内，输入"首页"，选中文本"首页"，在〖属性〗面板的"链接"文本框中输入"#"，设置空链接，如图 3-17 所示。

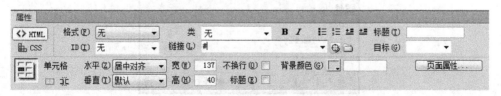

图 3-17　表格 2-1 第 1 列单元格的〖属性〗面板

依次在表格 2-1 第 2~7 列单元格内输入文本，并为输入的文本设置空链接，完成效果如图 3-18 所示。

图 3-18　表格 2-1 设置空链接后的效果

（5）设置表格 2-1 中超链接样式。

HTML 中超链接有四种状态：

1）a：link：超链接未被访问时的状态，也是超链接的初始样式，可以不设置；

2）a：visited：超链接已被访问的状态；

3）a：hover：光标悬停在标签上的状态；

4）a：active：光标在标签上被按下时（鼠标单击按下还没释放时）的状态。

通过设置不同类的超链接样式可以使页面上超链接的样式多样化。打开〖CSS 样式〗面板，如图 3-19 所示。单击〖CSS 样式〗面板底部的〖新建 CSS 规则〗按钮 ，在弹出的〖新建 CSS 规则〗对话框中，设置"选择器类型"为"复合内容"，"选择器名称"为"a. t2：link，a. t2：visited"，如图 3-20 所示，单击〖确定〗按钮后弹出〖规则定义〗对话框。

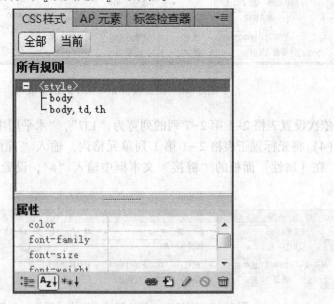

图 3-19　〖CSS 样式〗面板

〖规则定义〗对话框有 9 种分类，在〖类型〗分类中设置字体颜色 "#FFF"，字号 "16"，行高 "40"，"无下划线修饰"，如图 3-21 所示；在〖区块〗分类中设置显示块，如图 3-22 所示；在〖方框〗分类中设置高度为 "40"，如图 3-23 所示。

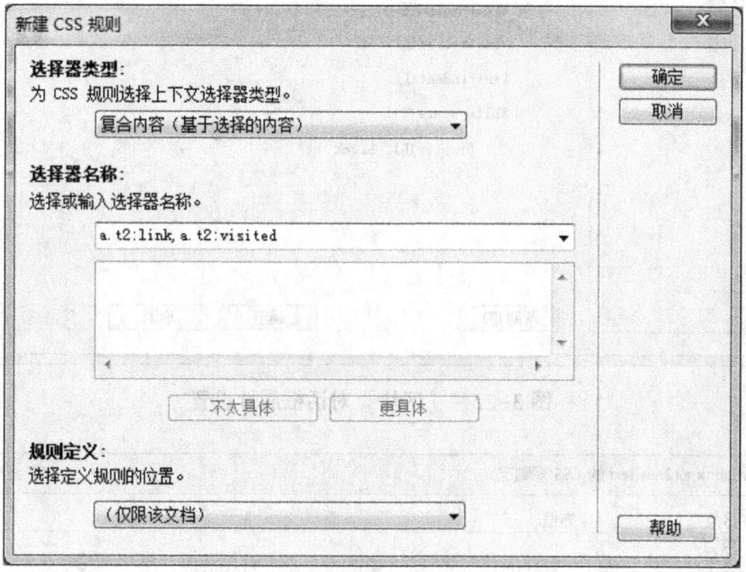

图 3-20 〖新建 CSS 规则〗对话框

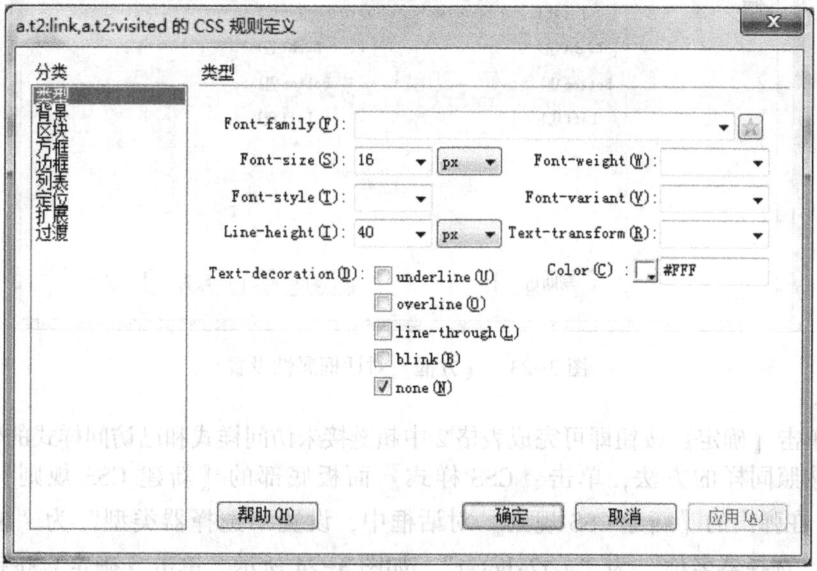

图 3-21 〖类型〗对话框属性设置

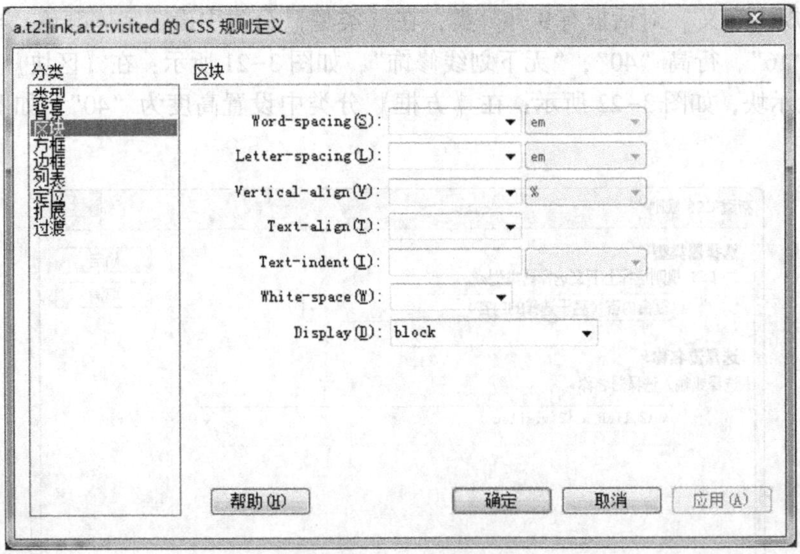

图 3-22　〖区块〗对话框属性设置

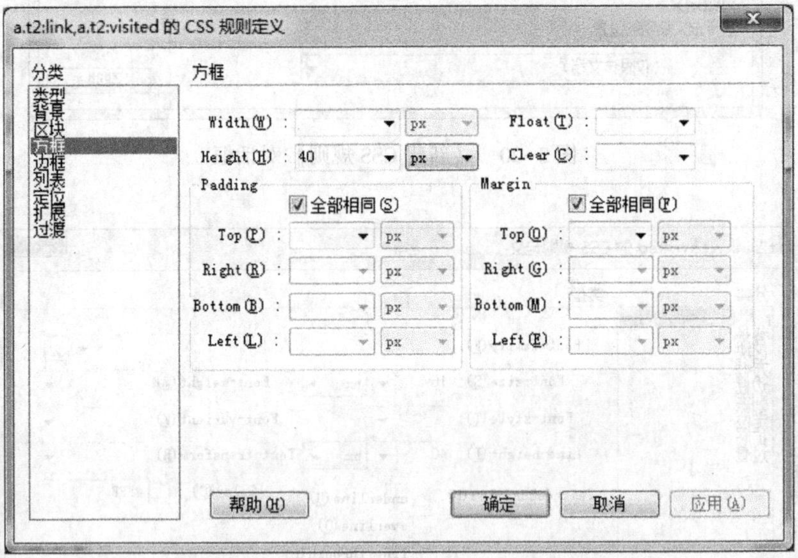

图 3-23　〖方框〗对话框属性设置

　　单击〖确定〗按钮即可完成表格 2 中超链接未访问样式和已访问样式的创建。
　　按照同样的方法，单击〖CSS 样式〗面板底部的〖新建 CSS 规则〗按钮  ，在弹出的〖新建 CSS 规则〗对话框中，设置"选择器类型"为"复合内容"，"选择器名称"为"a.t2:hover"，如图 3-24 所示，单击〖确定〗按钮后弹出〖规则定义〗对话框。

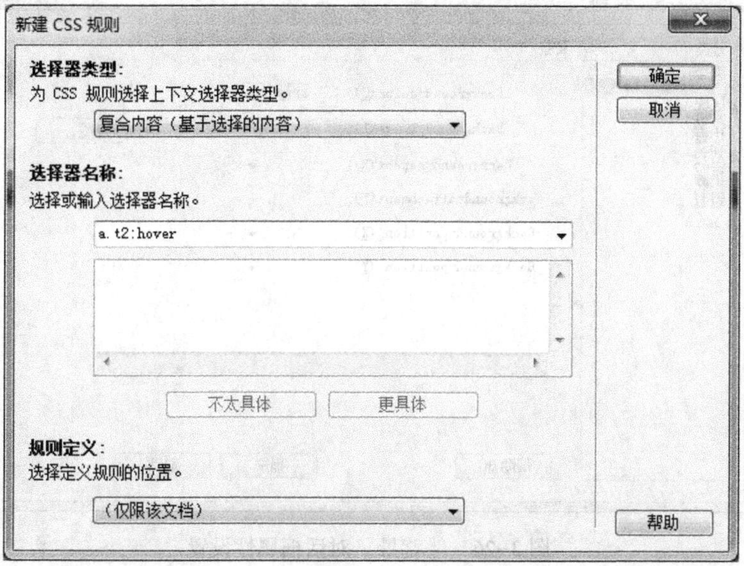

图 3-24 〖新建 CSS 规则〗对话框

在〖规则定义〗对话框的〖类型〗分类中设置字体颜色"#F00"，字号"16"，"无下划线修饰"，如图 3-25 所示；在〖背景〗分类中设置背景为"#FFF"，如图 3-26 所示。

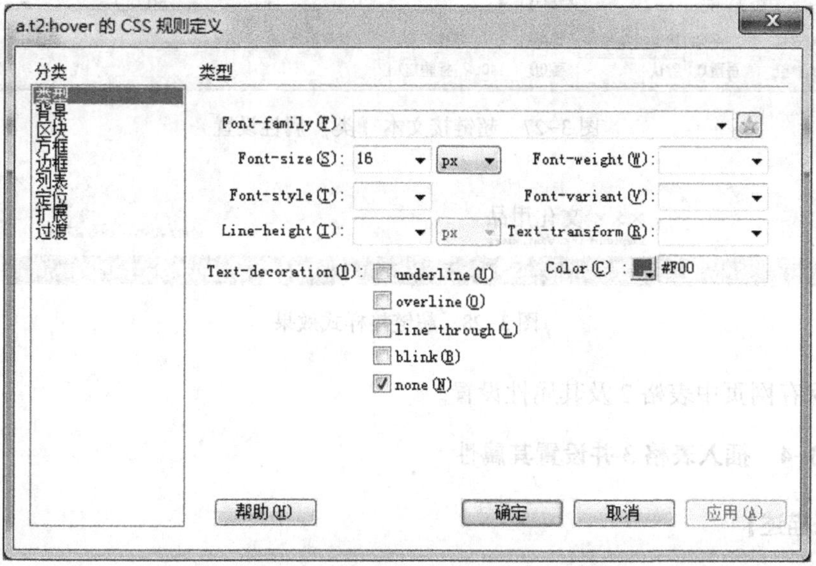

图 3-25 〖类型〗对话框属性设置

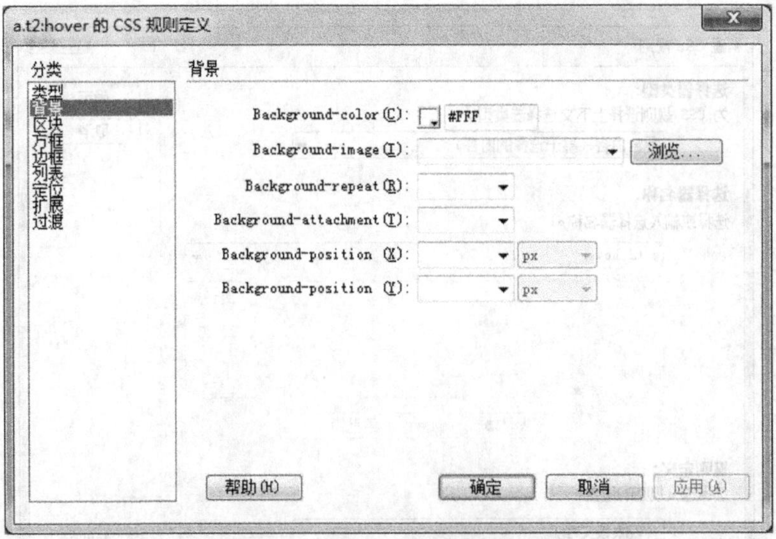

图 3-26 〖背景〗对话框属性设置

单击〖确定〗按钮后即可完成表格 2 中光标指向超链接时样式的创建。依次选中 "首页" "关于我们" "产品展示" 等超链接文本，在 HTML〖属性〗面板中的 "类" 下拉菜单中选择 "t2"，如图 3-27 所示，完成后的超链接效果如图3-28 所示。

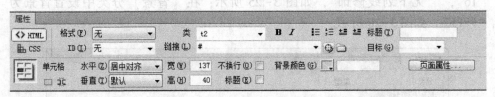

图 3-27 超链接文本〖类〗属性设置

图 3-28 超链接样式效果

保存网页中表格 2 及其属性设置。

任务 3-4 插入表格 3 并设置其属性

【任务描述】

插入一个 1 行 1 列的表格 3，并设置其属性：宽为 "960px"，边框为 "0"，填充、间距为 "0"，对齐方式为居中对齐。

格若伽出，文本框怎幅地贩而断开了……例行组，宣写3-30所示。……怎贫拥标题
的"标题"文本框插入表SWF动画的标题"xx×宣传"，出贫动动向……
Tab 键单击"锑锹锹锹锹贩件→→保存，将文件再……

【任务实施】

1. 通过"表格"对话框插入表格3

（1）将光标置于表格2的右侧，在〖常用〗工具栏中单击"表格"按钮 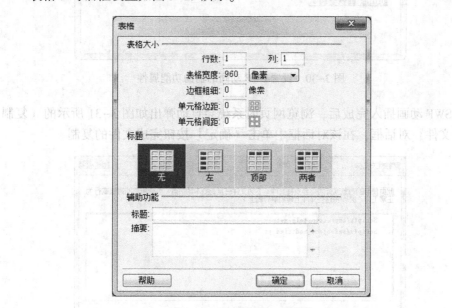，打开〖表格〗对话框。

（2）在〖表格〗对话框"行数"文本框中输入"1"，在"列数"文本框中输入"1"，在"表格宽度"文本框输入"960"，其后的下拉列表框中选择宽度的单位为"像素"，在"边框粗细"文本框中输入"0"，在"单元格边距"文本框中输入"0"，在"单元格间距"文本框中输入"0"，单击〖确定〗按钮。

表格3对话框设置如图3-29所示。

图3-29 设置表格3的参数

（3）选择表格3，在〖属性〗面板文字"表格"下方的组合框中设置表格ID为"表格3"，并将对齐方式设置为"居中对齐"。

（4）选中表格3中的行，在〖属性〗面板中设置行高"250"。

2. 在表格3中插入SWF动画并设置其属性

（1）将光标置于表格3的单元格中，在〖常用〗工具栏中单击"媒体：SWF"按钮 ，打开〖选择SWF〗对话框。

在〖选择SWF〗对话框中选择要插入的SWF动画文件"f01.swf"。然后在该对话框单击〖确定〗按钮。

接着弹出〖对象标签辅助功能属性〗对话框，在图 3-30 所示。在该对话框的"标题"文本框输入该 SWF 动画的标题"×××宣传"，也可以设置"访问键""Tab 键索引"等辅助功能属性参数。然后单击〖确定〗的按钮，也可以不输入任何数据直接单击〖确定〗按钮。

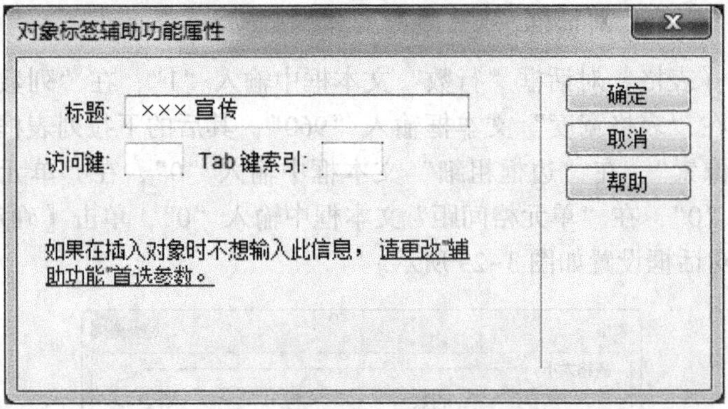

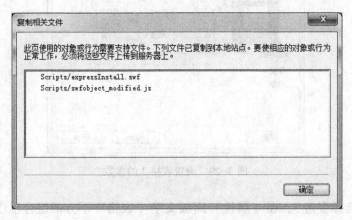

图 3-30 设置 SWF 动画的辅助功能属性

SWF 动画插入完成后，浏览网页时系统会自动弹出如图 3-31 所示的〖复制相关文件〗对话框，在该对话框中单击〖确定〗按钮完成文件的复制。

图 3-31 〖复制相关文件〗对话框

（2）单击选中表格 3 单元格中所插入的 SWF 动画，然后在 SWF 动画的〖属性〗面板中设置 SWF 动画的属性，在"宽"文本框中输入"960"，在"高"文本框中输入"250"，设置对齐方式为"居中"，其他的属性保持其默认值不变，如图 3-32 所示。

单击 SWF 动画〖属性〗面板中的〖播放〗按钮，可以在网页编辑窗口中预览 SWF 动画的效果。预览动画效果时，单击〖停止〗按钮，则停止预览。

图 3-32 SWF 动画的属性设置

保存网页中表格 3 及其属性设置。

任务 3-5 插入表格 4 并设置其属性

【任务描述】

插入一个 1 行 3 列的表格 4，并设置其属性：宽为 "960px"，边框为 "0"，填充、间距为 "0"，对齐方式为居中对齐。

【任务实施】

1. 通过 "表格" 对话框插入表格 4

（1）将光标置于表格 3 的右侧，在〖常用〗工具栏中单击 "表格" 按钮⊞，在打开的〖表格〗对话框中将行数设置为 "1"，将列数设置为 "3"，将表格宽度设置为 "960px"，将边框粗细、单元格边距和单元格间距都设置为 "0"，单击〖确定〗按钮。

（2）选择表格 4，在〖属性〗面板文字表格下方的组合框中设置表格 ID 为 "表格 4"，并将对齐方式设置为 "居中对齐"。

（3）选中表格 4 的第 1 列，在〖属性〗面板中设置列宽 "294"，"水平居中对齐"；选中表格 4 的第 1 列，在〖属性〗面板中设置列宽 "294"，"水平居中对齐"；选中表格 4 的第 2 列，在〖属性〗面板中设置列宽 "16"；选中表格 4 的第 3 列，在〖属性〗面板中设置列宽 "650"，"垂直顶端对齐"。

2. 在表格 4 第 1 列单元格内插入嵌套表格 4-1

（1）将光标置于表格 4 第 1 列的单元格内，插入一个 13 行 2 列的嵌套表格 4-1，表格 4-1 宽度为 "95%"，边框粗细、单元格边距和单元格间距均设置为 "0"。

（2）将光标置于该嵌套表格的任一个单元格中，在状态栏 "标签选择器" 中单击〖<table>〗标签，选中该嵌套表格，如图 3-33 所示。

<body><table#表格4><tr><td>〔<table>〕

图 3-33 标签选择器中单击〖<table>〗标签

然后在〖属性〗面板中设置表格 ID 为"表格 4-1",如图 3-34 所示。

图 3-34 设置表格 4-1 的属性

(3) 设置表格 4-1 的列宽:第 1 列的宽度为"5px",第 2 列的宽度为"273px"。

(4) 表格 4-1 各行的属性设置见表 3-1 所示。

表 3-1 表格 4-1 各行的属性设置

行数	高(px)	水平对齐方式	垂直对齐方式
第 1 行	45	左对齐	默认
第 2 行	40	左对齐	默认
第 3 行	40	左对齐	默认
第 4 行	40	左对齐	默认
第 5 行	40	左对齐	默认
第 6 行	40	左对齐	默认
第 7 行	23	左对齐	默认
第 8 行	45	左对齐	默认
第 9 行	40	左对齐	默认
第 10 行	40	左对齐	默认
第 11 行	40	左对齐	默认
第 12 行	40	左对齐	默认
第 13 行	40	左对齐	默认

(5) 在表格 4-1 插入图像和文本并设置样式。

1) 在表格 4-1 第 1 行第 1 列单元格和第 8 行第 1 列单元格内插入图像"zt1.jpg"。

2) 在表格 4-1 第 1 行第 2 列单元格输入文字"最新产品",在第 8 行第 2 列单元格内输入文字"最新动态"。

3) 在〖CSS 样式〗面板中新建样式"font02",在弹出的〖新建 CSS 规则〗对话框中,设置"选择器类型"为"类","选择器名称"为"font02",如图 3-35 所示。

在〖规则定义〗对话框的〖类型〗分类中设置字体"华文细黑",字号"16",如图 3-36 所示。

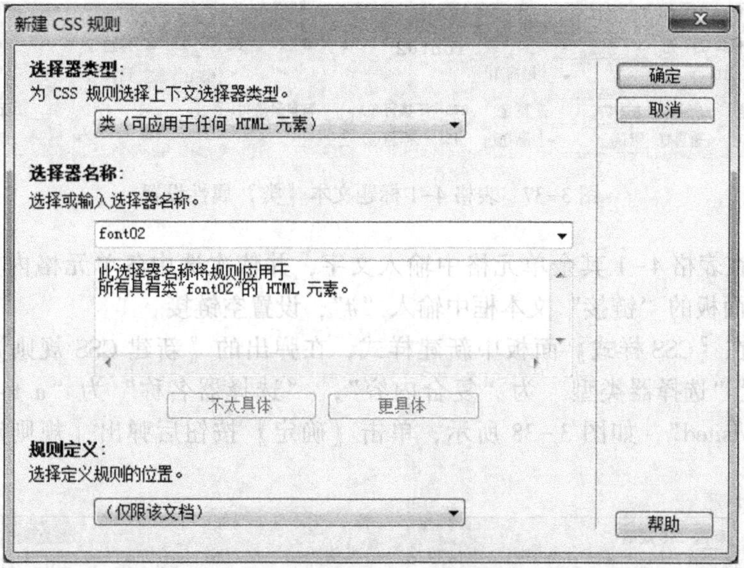

图 3-35 font02 的〖新建 CSS 规则〗对话框设置

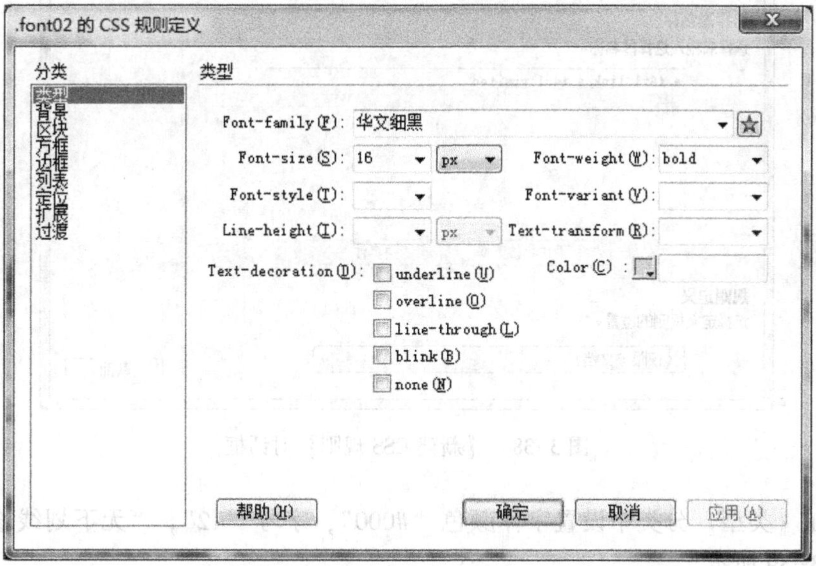

图 3-36 font02 的〖类型〗对话框属性设置

单击〖确定〗按钮后，依次选中表格 4-1 第 1 行第 2 列单元格的文本"最新产品"和第 8 行第 2 列单元格的文本"最新动态"，在 HTML〖属性〗面板中的"类"下拉菜单中选择"font02"，如图 3-37 所示。

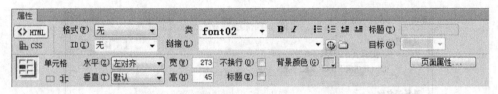

图 3-37　表格 4-1 标题文本〚类〛属性设置

4）在表格 4-1 其余单元格中输入文字，并依次选中各单元格内文本，在〚属性〛面板的"链接"文本框中输入"#"，设置空链接。

5）在〚CSS 样式〛面板中新建样式，在弹出的〚新建 CSS 规则〛对话框中，设置"选择器类型"为"复合内容"，"选择器名称"为"a. t4-1：link, a. t4-1：visited"，如图 3-38 所示，单击〚确定〛按钮后弹出〚规则定义〛对话框。

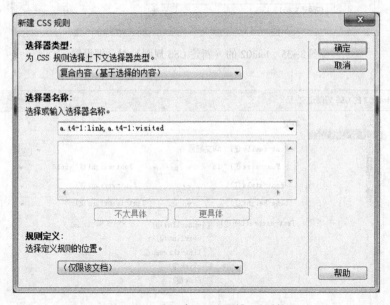

图 3-38　〚新建 CSS 规则〛对话框

在〚类型〛分类中设置字体颜色"#000"，字号"12"，"无下划线修饰"，如图 3-39 所示。

单击〚确定〛按钮即可完成表格 4-1 中超链接未访问样式和已访问样式的创建。

按照同样的方法，在〚CSS 样式〛面板中新建样式，在弹出的〚新建 CSS 规则〛对话框中，设置"选择器类型"为"复合内容"，"选择器名称"为"a. t4-1：hover"，如图 3-40 所示，单击〚确定〛按钮后弹出〚规则定义〛对话框。

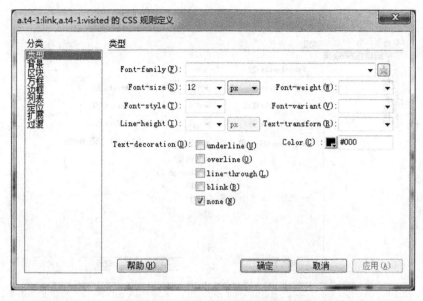

图 3-39 〖类型〗对话框属性设置

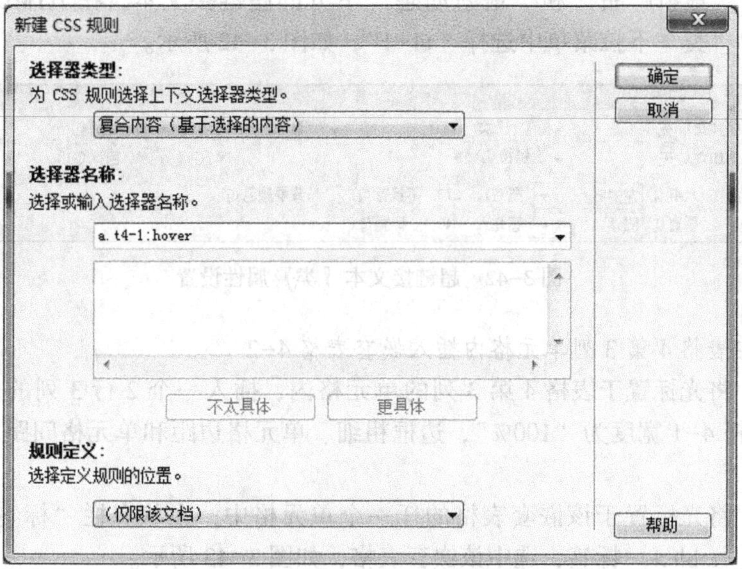

图 3-40 〖新建 CSS 规则〗对话框

在〖类型〗分类中设置字体颜色"#F00",字号"12","无下划线修饰",如图 3-41 所示。

单击〖确定〗按钮后即可完成表格 4-1 中光标指向超链接时样式的创建。

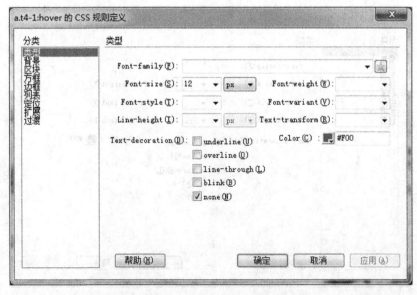

图 3-41 〖类型〗对话框属性设置

依次选中"最新产品"和"最新动态"下方的超链接文本，在 HTML〖属性〗面板中的"类"下拉菜单中选择"t4-1"，如图 3-42 所示。

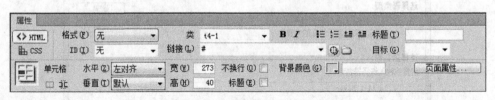

图 3-42 超链接文本〖类〗属性设置

3. 在表格 4 第 3 列单元格内插入嵌套表格 4-2

（1）将光标置于表格 4 第 3 列的单元格内，插入一个 2 行 3 列的嵌套表格 4-2，表格 4-1 宽度为"100%"，边框粗细、单元格边距和单元格间距均设置为"0"。

（2）将光标置于该嵌套表格的任一个单元格中，在状态栏"标签选择器"中单击〖<table>〗标签，选中该嵌套表格，如图 3-43 所示。 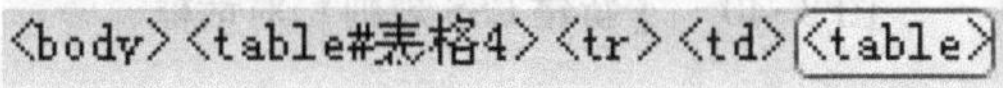

<body><table#表格4><tr><td><table>

图 3-43 标签选择器中单击〖<table>〗标签

然后在〖属性〗面板中设置表格 ID 为"表格 4-2"。

（3）设置表格4-2第1行行高为"50"，第2行行高为"2"，切换到"代码"编辑窗口，删除第2行单元格中自动添加的空格" "。

（4）设置表格4-2的列宽：第1列的宽度为"12%"，第2列的宽度为"72%"，第3列的宽度为"16%"。

（5）在表格4-2第1列单元格中输入文本"新闻动态"，选中输入文本后，在CSS〖属性〗面板的目标规则下拉列表中选择"<新内联样式>"命令，设置其字体为"宋体"，大小为"16"，颜色为"#DA251C"，如图3-44所示。

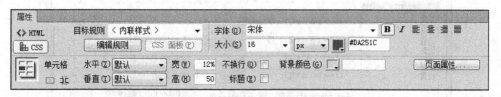

图3-44 表格4-2第1列单元格中文本的属性设置

按照同样的方法，在表格4-2第3列单元格中输入文本"首页→新闻动态"，选中输入文本后，在CSS〖属性〗面板的目标规则下拉列表中选择"<新内联样式>"命令，设置其字体为"宋体"，大小为"12"，颜色为"#666"，如图3-45所示。

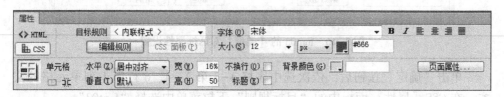

图3-45 表格4-2第3列单元格中文本的属性设置

4. 在表格4第3列单元格内插入嵌套表格4-3

（1）将光标置于表格4-2的右侧，插入一个7行2列的嵌套表格4-3，表格4-3宽度为"100%"，"边框粗细""单元格边距"和"单元格间距"均设置为"0"。

（2）将光标置于该嵌套表格的任一个单元格中，在状态栏"标签选择器"中单击〖<table>〗标签，选中该嵌套表格，然后在〖属性〗面板中设置表格ID为"表格4-3"。

（3）设置表格4-3的列宽：第1列的宽度为"38%"，第2列的宽度为"62%"。

（4）设置表格4-3的行高：第1行的高度为"31"，第2、4、6行的高度为"50"。

(5) 在表格 4-3 第 2、4、6 行的单元格中输入文字并设置样式。

1) 在〖CSS 样式〗面板中新建样式 "font03"，在弹出的〖新建 CSS 规则〗对话框中，设置 "选择器类型" 为 "类"，"选择器名称" 为 "font03"。

在〖规则定义〗对话框的〖类型〗分类中设置字体 "华文细黑"，字号 "16"，颜色 "#C00"，设置下划线，如图 3-46 所示。

图 3-46　font03 的〖类型〗对话框属性设置

单击〖确定〗按钮后，依次选中表格 4-3 第 2、4、6 行第 1 列单元格的文本，在 CSS〖属性〗面板中的 "目标规则" 下拉菜单中选择 "font03"。

2) 在〖CSS 样式〗面板中新建样式 "font04"，在弹出的〖新建 CSS 规则〗对话框中，设置 "选择器类型" 为 "类"，"选择器名称" 为 "font04"。

在〖规则定义〗对话框的〖类型〗分类中设置字体宋体，字号 "14"，颜色 "#000"，行高 "18"，如图 3-47 所示。

单击〖确定〗按钮后，依次选中表格 4-3 第 2、4、6 行第 2 列单元格的文本，在 CSS〖属性〗面板中的 "目标规则" 下拉菜单中选择 "font04"。

(6) 分别合并表格 4-3 第 3、5、7 行的两个单元格，插入嵌套表格并设置样式。

1) 选中表格 4-3 第 3 行的两个单元格，合并单元格后插入一个 1 行 2 列的嵌套表格 4-3-1：表格宽度 "100%"，边框粗细、单元格边距和单元格间距均设置为 "0"。

调整嵌套表格 4-3-1 的列宽，在第 1 列单元格内插入图像并设置图像宽、高，在第 2 列单元格内输入文字并应用样式 "font04"。

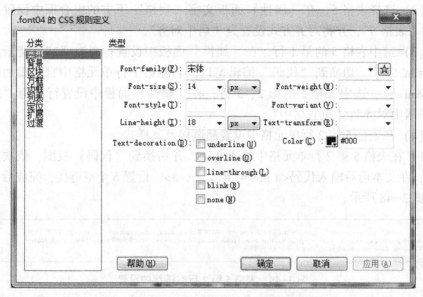

图3-47　font04 的〖类型〗对话框属性设置

2）采用同样的方法，合并表格 4-3 第 5 行的两个单元格后插入一个 1 行 2 列的嵌套表格 4-3-2，调整列宽并在相应单元格中输入文字、插入图像；合并表格 4-3 第 7 行的两个单元格后插入一个 1 行 2 列的嵌套表格 4-3-3，调整列宽并在相应单元格中插入图像、输入文字。

保存网页中表格 4 及其属性设置。

任务3-6　插入表格5并设置其属性

【任务描述】

插入一个 3 行 1 列的表格为 "5"，并设置其属性：宽为 "960px"，边框为 "0"，填充、间距为 "0"，对齐方式为居中对齐。

【任务实施】

1. 通过 "表格" 对话框插入表格 5

（1）将光标置于表格 4 的右侧，在〖常用〗工具栏中单击 "表格" 按钮，在打开的〖表格〗对话框中将行数设置为 "3"，将列数设置为 "1"，将表格宽度设置为 "960px"，将边框粗细、单元格边距和单元格间距都设置为 "0"，单击〖确定〗按钮。

（2）选择表格5，在〖属性〗面板文字"表格"下方的组合框中设置表格ID为"表格5"，并将对齐方式设置为"居中对齐"。

（3）选中表格5的第1行，在〖属性〗面板中设置行高为"2"，背景颜色为"#da251d"，切换到"代码"编辑窗口，删除第1行单元格中自动添加的空格" "；选中表格5的第2、3行，在〖属性〗面板中设置行高为"30"，"水平居中对齐"，"垂直居中"。

（4）在表格5第2行单元格中设置超链接及其样式。

1）在表格5第2行单元格中输入文字，并切换到〖代码〗视图，依次选中文本，在文本前后输入代码<a href="#">、</a>，设置6个空链接，完成后的代码如图3-48所示。

```
  <tr>
    <td height="30" align="center" valign="middle"><a href="#">购物指南    </a><a href="#">配送方式
    </a><a href="#">支付方式    </a><a href="#">售后服务    </a><a href=
"#">关于我们    </a><a href="#">合同条款</a></td>
  </tr>
```

图3-48 表格5第2行空链接的设置

2）在〖CSS样式〗面板中新建样式，在弹出的〖新建CSS规则〗对话框中，设置"选择器类型"为"复合内容"，"选择器名称"为"a.t5:link, a.t5:visited"，单击〖确定〗按钮后弹出〖规则定义〗对话框。

在〖类型〗分类中设置字体颜色"#666"，字号"12"，无下划线修饰，如图3-49所示。

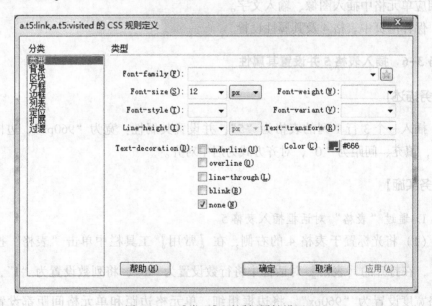

图3-49 〖类型〗对话框属性设置

单击〖确定〗按钮即可完成表格 5 中超链接未访问样式和已访问样式的创建。

3）按照同样的方法，在〖CSS 样式〗面板中新建样式，在弹出的〖新建 CSS 规则〗对话框中，设置选择器类型为"复合内容"，选择器名称为"a.t5：hover"，单击〖确定〗按钮后弹出〖规则定义〗对话框。

在〖类型〗分类中设置字体颜色"#000"，字号"12"，无下划线修饰，如图 3-50 所示。

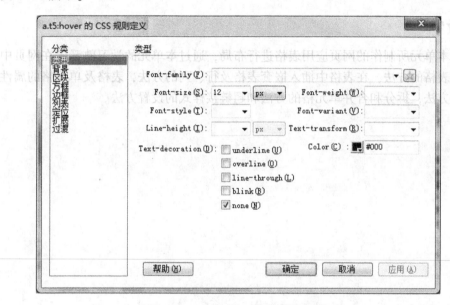

图 3-50　〖类型〗对话框属性设置

4）单击〖确定〗按钮后即可完成表格 5 中光标指向超链接时样式的创建。依次选中表格 5 第 2 行的超链接文本，在 HTML〖属性〗面板中的"类"下拉菜单中选择"t5"，如图 3-51 所示。

图 3-51　超链接文本〖类〗属性设置

（5）在表格 5 第 3 行单元格中输入文字并设置文本样式。

1）在表格 5 第 3 行单元格中输入文字"Copyri×××© 2018 ×××文化用品有限公司 版权所有"。

2）在〖CSS 样式〗面板中新建样式"font01"，在弹出的〖新建 CSS 规则〗对话框中，设置"选择器类型"为"类"，"选择器名称"为"font04"，单击〖确定〗按钮后弹出〖规则定义〗对话框。在〖类型〗分类中设置字号"12"，字体颜色"#666"。

3）选中文本"Copyri×××© 2018×××文化用品有限公司 版权所有"，在 CSS〖属性〗面板中的"目标规则"下拉菜单中选择"font01"。

保存网页，按快捷键 F12 浏览网页效果。

任务小结

本单元所制作的网页应用表格进行布局，通过本单元的学习熟悉了在网页中插入表格的方法，在表格中插入嵌套表格及行、列的方法，表格及单元格的属性设置方法，拆分和合并单元格的方法和超链接样式的设置方法。

单元 4　制作"DIV+CSS"布局网页

随着 Web2.0 标准化设计理念的普遍，许多网站纷纷采用"DIV+CSS"技术来布局网页。相较于表格布局网页，使用"DIV+CSS"布局的网页不仅代码精简、访问速度快，而且网页对于搜索引擎很是友好，从而避免因表格嵌套层次过多而无法被搜索引擎抓取的问题。

本单元以制作"关于我们"网页为例，介绍如何插入 DIV 标签结合 CSS 样式对页面进行布局，以及如何使用 CSS 美化网页元素。

任务 4　制作"关于我们"网页

制作一个"DIV+CSS"布局的网页，介绍×××公司的基本情况，网页的浏览效果如图 4-1 所示。

任务 4-1　准备工作

【任务描述】

(1) 创建站点，站点目录结构"Elephantdudu \ unit04\ task04-1"。
(2) 在站点中建立子文件夹"images"，设置默认图像文件夹。
(3) 在站点中建立子文件夹"css"，在其下新建外部样式表"style. css"。
(4) 新建网页"index0401. html"，设置网页标题。
(5) 附加外部样式表，并在外部样式表"style. css"中设置 * 规则。

【任务实施】

1. 创建站点

在"Elephantdudu"文件夹下新建"unit04"文件夹，在"unit04"文件夹下新建"task04-1"文件夹，作为单元 4 的本地站点文件夹。

2. 建立子文件夹"images"

在〖文件〗面板中已经建好的站点根目录上单击右键，在弹出的快捷菜单中选择〖新建文件夹〗命令，然后将文件夹重命名为 images，并将文件夹 images 设置为默认图像文件夹。

3. 建立子文件夹"css"，在其下新建外部样式表"style. css"

在〖文件〗面板中已经建好的站点根目录上单击右键，在弹出的快捷菜单

☎ ××××-3881235

👤 登录/注册

公司简介　历史回顾　企业理念　团队风采　联系方式

ABOUT US
关于我们

🏠 公司简介

　　衢州市×××文化用品有限公司成立于2000年8月，是一家专业化生产文具用品的企业，坐落于×××东港工业园区春江路。
　　公司设总经办、销售部、财务部、组装、机印、印刷、包装等车间，现有员工100多人，其中管理人员和技术骨干30余人，产品畅销全国各地

💡 企业理念

　　公司本着"务实创新，精益求精"的经营理念，坚持走物美价廉，服务前移之路，凭着过硬的产品质量和时尚的款式，在同行业中竞争力不断加强，在经销商中知名度不断提高，在消费者中美誉度不断增强。
　　为实现企业全面协调可持续发展，竭诚欢迎国内外有志之士前来加盟

☎ 联系方式

电话：××××-3881235
传真：××××-3881236
网址：http://www.×××xiang.com
邮箱：×××xiang@ddx.com
地址：×××东港工业园

购物指南 | 配送方式 | 支付方式 | 售后服务 | 关于我们 | 合同条款
Copyrig×××©2018 ×××文化用品有限公司 版权所有

图4-1 "关于我们"网页的浏览效果

中选择〖新建文件夹〗命令，然后将文件夹重命名为"css"，用来保存外部样式表文件。

　　在文件夹"css"上单击右键，在弹出的快捷菜单中选择〖新建文件〗命令，然后将文件重命名为"style.css"即可创建一个外部样式表文件。

　　4. 新建网页"index0401.html"，设置网页标题

　　在站点根目录下新建一个网页"index0401.html"，双击打开该网页并设置网页标题为"关于我们"。

　　5. 附加外部样式表，并在外部样式表"style.css"中设置 * 规则

　　在〖CSS样式〗面板中单击〖附加样式表〗按钮 🖇 ，打开〖链接外部样式表〗对话框，如图4-2所示，在"文件/URL"文本框中设置或选择要链接的CSS样式表文件。

　　外部样式表附加完成后，文档工具栏中既显示网页名称，又显示外部样式表

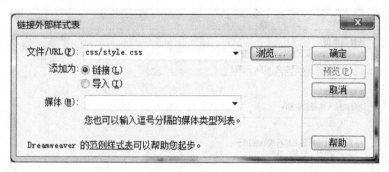

图 4-2　〖链接外部样式表〗对话框

名称，如图 4-3 所示。单击外部样式表文件名"style.css"，再单击〖代码〗切换到代码视图。在外部样式表中输入第一个规则"*规则"，如图 4-4 所示，"*规则"对于网页中的所有元素均有效。

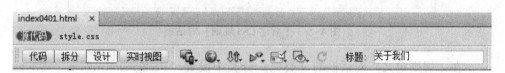

图 4-3　文档工具栏

图 4-4　文档工具栏

6. 设置页面背景颜色

在〖CSS 样式〗面板中单击〖新建 CSS 规则〗按钮 ，在弹出的〖新建 CSS 规则〗对话框中，设置"选择器类型"为"标签"，"选择器名称"为"body"，规则保存在外部样式表文件"style.css"中，如图 4-5 所示，单击〖确定〗按钮后弹出〖规则定义〗对话框。

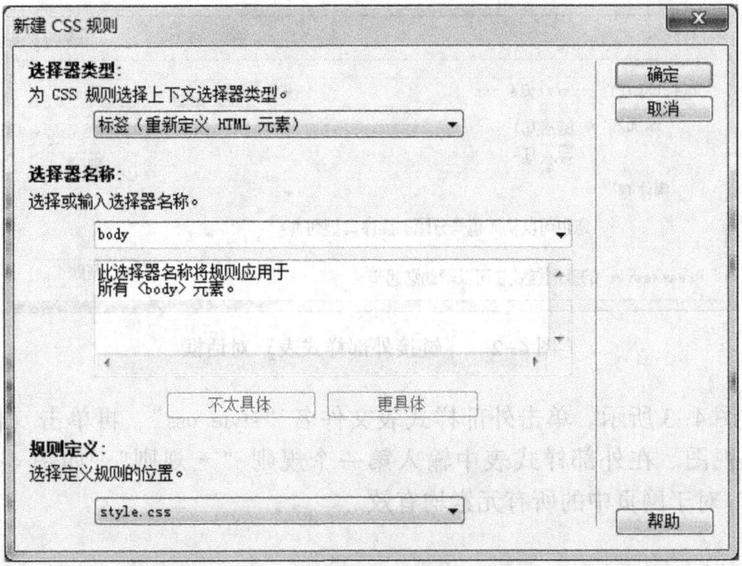

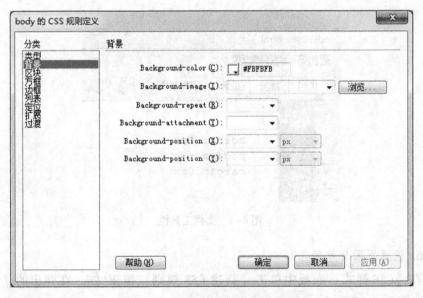

图 4-5 〖新建 CSS 规则〗对话框

在〖规则定义〗对话框的〖类型〗分类中设置 "Background-color" 文本框的值为 "#FBFBFB"，如图 4-6 所示，单击〖确定〗按钮完成背景颜色设置。

图 4-6 〖背景〗对话框属性设置

在〖文件〗菜单中单击〖保存全部〗命令，保存网页和外部样式表。

任务 4-2 插入区块 box 作为整个页面的容器

【任务描述】

插入区块 box 作为整个页面的容器，并设置其属性：宽度为"960px"，居中对齐。

【任务实施】

1. 通过"插入 Div 标签"对话框插入区块 box

（1）将光标置于网页中，在〖布局〗工具栏中单击"插入 DIV 标签"按钮 🖼 ，打开〖插入 Div 标签〗对话框。

（2）在〖插入 Div 标签〗对话框中的"插入"列表框中选择"在插入点"选项，在"ID"列表框中输入"box"，如图 4-7 所示，单击〖新建 CSS 规则〗按钮弹出〖新建 CSS 规则〗对话框，如图 4-8 所示，单击〖确定〗按钮弹出〖#box 的CSS 规则定义〗对话框。

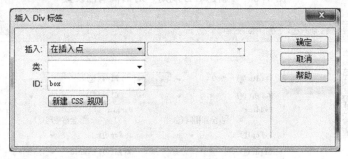

图 4-7 〖插入 Div 标签〗对话框属性设置

2. 设置区块 box 的属性

在〖#box 的 CSS 规则定义〗对话框的〖方框〗分类中，在"Width"列表框中输入"960"，单位默认为"px"；取消"Margin"内复选框"全部相同"的勾选，在"Right"和"Left"列表框中选择"auto"选项，如图 4-9 所示，然后单击〖确定〗按钮。

在〖文件〗菜单中单击〖保存全部〗命令，保存网页和外部样式表。

任务 4-3 插入区块 top 实现顶部效果

【任务描述】

在区块 box 内插入区块 top 作为页面顶部容器，并设置其属性：宽度为"100%"，高度"80px"；在区块 top 中依次插入区块 top-1、区块 top-2 和区块 top-3，并设置相关属性。

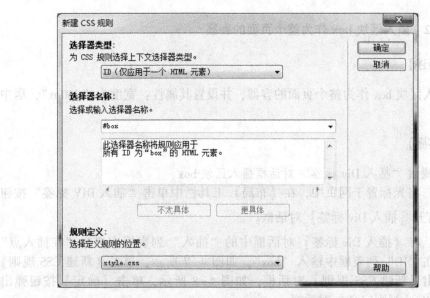

图 4-8 〖新建 CSS 规则〗对话框属性设置

图 4-9 区块 box 的〖方框〗属性设置

【任务实施】

1. 通过 "插入 Div 标签" 对话框插入区块 top

(1) 将光标置于网页中,在〖布局〗工具栏中单击 "插入 DIV 标签" 按钮
圖, 打开〖插入 Div 标签〗对话框。

（2）在〖插入 Div 标签〗对话框中的第一个"插入"列表框中选择"在开始标签之后"选项，第二个"插入"列表框中选择"<div id="box">"选项，在"ID"列表框中输入"top"，如图 4-10 所示，单击〖新建 CSS 规则〗按钮弹出〖新建 CSS 规则〗对话框，如图 4-11 所示，单击〖确定〗按钮弹出〖#box 的 CSS 规则定义〗对话框。

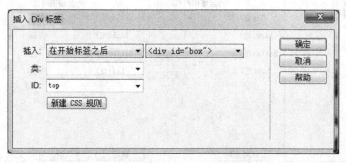

图 4-10 〖插入 Div 标签〗对话框属性设置

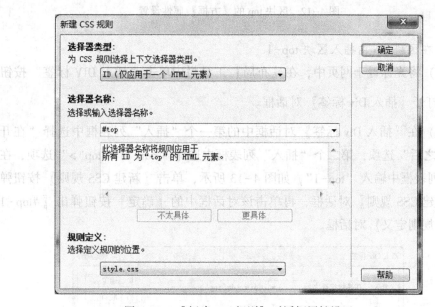

图 4-11 〖新建 CSS 规则〗对话框属性设置

2. 设置区块 top 的属性

在〖#top 的 CSS 规则定义〗对话框的〖方框〗分类中，在"Width"列表框中输入"100"，单位选择"%"；在"Height"列表框中输入"80"，单位默认为"px"，如图 4-12 所示，然后单击〖确定〗按钮。

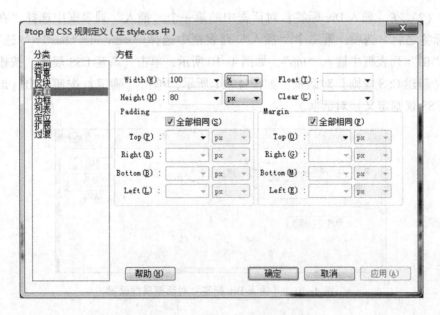

图 4-12 区块 top 的〖方框〗属性设置

3. 在区块 top 内插入区块 top-1

（1）将光标置于网页中，在〖布局〗工具栏中单击"插入 DIV 标签"按钮
，打开〖插入 Div 标签〗对话框。

（2）在〖插入 Div 标签〗对话框中的第一个"插入"列表框中选择"在开
始标签之后"选项，第二个"插入"列表框中选择"<div id = "top">"选项，在
"ID"列表框中输入"top-1"，如图 4-13 所示，单击〖新建 CSS 规则〗按钮弹
出〖新建 CSS 规则〗对话框，再单击该对话框中的〖确定〗按钮弹出〖#top-1
的 CSS 规则定义〗对话框。

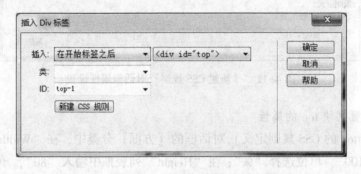

图 4-13 〖插入 Div 标签〗对话框属性设置

4. 设置区块 top-1 的属性

在〖#top-1 的 CSS 规则定义〗对话框的〖方框〗分类中，在"Width"列表框中输入"97"，单位默认为"px"；在"Height"列表框中输入"80"，单位默认为"px"；在"Float"列表框中选择"left"选项，如图 4-14 所示，然后单击〖确定〗按钮。

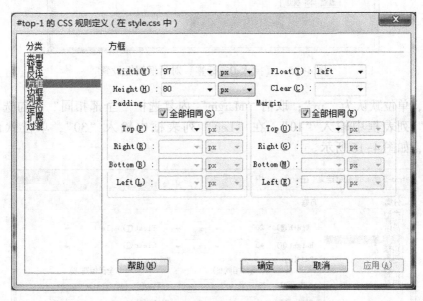

图 4-14 区块 top-1 的〖方框〗属性设置

将光标置于区块 top-1 内插入图像"logo1. png"，宽"97px"，高"80px"。

5. 在区块 top 内插入区块 top-2

（1）将光标置于网页中，在〖布局〗工具栏中单击"插入 DIV 标签"按钮，打开〖插入 Div 标签〗对话框。

（2）在〖插入 Div 标签〗对话框中的第一个"插入"列表框中选择"在标签之后"选项，第二个"插入"列表框中选择"<div id = "top-1">"选项，在"ID"列表框中输入"top-2"，如图 4-15 所示，单击〖新建 CSS 规则〗按钮弹出〖新建 CSS 规则〗对话框，再单击该对话框中的〖确定〗按钮弹出〖#top-2 的 CSS 规则定义〗对话框。

6. 设置区块 top-2 的属性

在〖#top-2 的 CSS 规则定义〗对话框的〖方框〗分类中，在"Width"列表框中输入"200"，单位默认为"px"；在"Height"列表框中输入"40"，单位默认为"px"；在"Float"列表框中选择"left"选项；取消"Padding"内复选框"全部相同"的勾选，在"Top"列表框中输入"20"，在"Left"列表框中输入

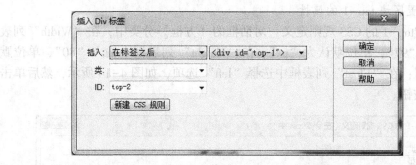

图4-15 〖插入Div标签〗对话框属性设置

"50",单位默认为"px";取消"Margin"内复选框"全部相同"的勾选,在"Top"列表框中输入"10",在"Left"列表框中输入"30",单位默认为"px",如图4-16所示。

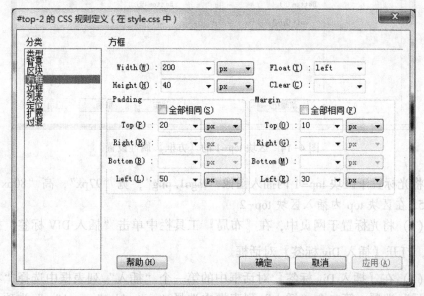

图4-16 区块top-2的〖方框〗属性设置

在〖# top‐2的CSS规则定义〗对话框的〖背景〗分类中,单击"Background‐image"列表框后的〖浏览〗按钮,在弹出的〖选择图像源文件〗对话框中选择"tel. png"作为背景图像;在"Background‐repeat"列表框中选择"no‐repeat"选项;在"Background‐position(X)"列表框中输入"10",单位默认为"px";在"Background‐position(Y)"列表框中选择"center"选项,如图4-17所示。

在〖#top‐2的CSS规则定义〗对话框的〖类型〗分类中,单击"Font‐

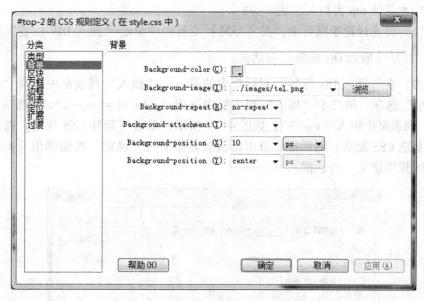

图 4-17 区块 top-2 的〖背景〗属性设置

weight"列表框中选择"bold"选项;在"Color"文本框中输入颜色值"#0c4da2",如图 4-18 所示。

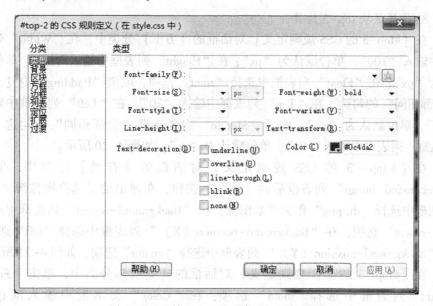

图 4-18 区块 top-2 的〖类型〗属性设置

将光标置于区块 top-2 内输入文字"××××-3881235"。

7. 在区块 top 内插入区块 top-3

(1) 将光标置于网页中，在〖布局〗工具栏中单击"插入 DIV 标签"按钮 ，打开〖插入 Div 标签〗对话框。

(2) 在〖插入 Div 标签〗对话框中的第一个"插入"列表框中选择"在标签之后"选项，第二个"插入"列表框中选择"<div id="top-2">"选项，在"ID"列表框中输入"top-3"，如图 4-19 所示，单击〖新建 CSS 规则〗按钮弹出〖新建 CSS 规则〗对话框，再单击该对话框中的〖确定〗按钮弹出〖#top-3 的 CSS 规则定义〗对话框。

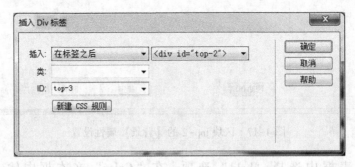

图 4-19 〖插入 Div 标签〗对话框属性设置

8. 设置区块 top-3 的属性

在〖#top-3 的 CSS 规则定义〗对话框的〖方框〗分类中，在"Width"列表框中输入"100"，单位默认为"px"；在"Height"列表框中输入"50"，单位默认为"px"；在"Float"列表框中选择"right"选项；取消"Padding"内复选框"全部相同"的勾选，在"Top"列表框中输入"30"，在"Left"列表框中输入"40"，单位默认为"px"；取消"Margin"内复选框"全部相同"的勾选，在"Right"列表框中输入"10"，单位默认为"px"，如图 4-20 所示。

在〖#top-3 的 CSS 规则定义〗对话框的〖背景〗分类中，单击"Background-image"列表框后的〖浏览〗按钮，在弹出的〖选择图像源文件〗对话框中选择"dl. png"作为背景图像；在"Background-repeat"列表框中选择"no-repeat"选项；在"Background-position（X）"列表框中选择"left"选项；在"Background-position（Y）"列表框中选择"center"选项，如图 4-21 所示。

在〖#top-3 的 CSS 规则定义〗对话框的〖类型〗分类中，单击"Font-weight"列表框中选择"bold"选项；在"Color"文本框中输入颜色值"#0c4da2"，如图 4-22 所示。

将光标置于区块 top-3 内输入文字"登录/注册"。

在〖文件〗菜单中单击〖保存全部〗命令，保存网页和外部样式表。

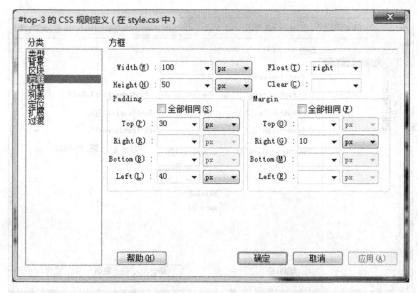

图 4-20 区块 top-3 的〖方框〗属性设置

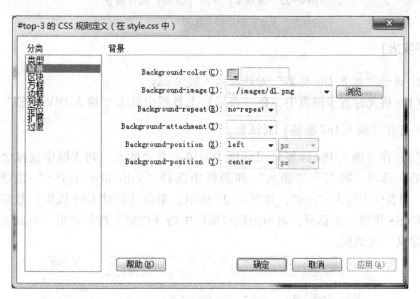

图 4-21 区块 top-3 的〖背景〗属性设置

任务 4-4 插入区块 nav 实现顶部导航效果

【任务描述】

在区块 top 下方插入区块 nav 作为页面顶部导航容器，并设置其属性。

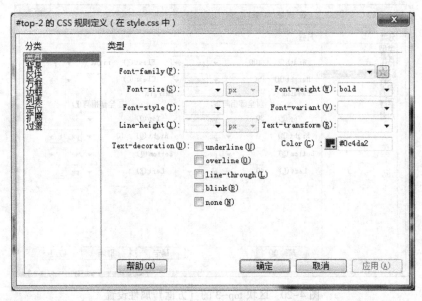

图 4-22 区块 top-3 的〖类型〗属性设置

【任务实施】

1. 通过"插入 Div 标签"对话框插入区块 nav

(1) 将光标置于网页中,在〖布局〗工具栏中单击"插入 DIV 标签"按钮，打开〖插入 Div 标签〗对话框。

(2) 在〖插入 Div 标签〗对话框中的第一个"插入"列表框中选择"在标签之后"选项,第二个"插入"列表框中选择"<div id="top">"选项,在"ID"列表框中输入"nav",如图 4-23 所示,单击〖新建 CSS 规则〗按钮弹出〖新建 CSS 规则〗对话框,再单击该对话框中的〖确定〗按钮弹出〖#nav 的 CSS 规则定义〗对话框。

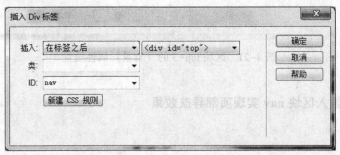

图 4-23 〖插入 Div 标签〗对话框属性设置

2. 设置区块 nav 的属性

在〖#nav 的 CSS 规则定义〗对话框的〖方框〗分类中，在"Width"列表框中输入"100"，单位选择"%"；在"Height"列表框中输入"40"，单位默认为"px"；取消"Padding"内复选框"全部相同"的勾选，在"Top"列表框中输入"20"，单位默认为"px"，如图 4-24 所示，然后单击〖确定〗按钮。

图 4-24 区块 nav 的〖方框〗属性设置

3. 在区块 nav 内输入导航文字

（1）将光标置于区块 nav 中，依次输入"公司简介""历史回顾""企业理念""团队风采""联系方式"，每输入一个导航菜单按〖Enter〗按钮。

（2）选中 5 个段落文本，单击右键，在弹出的快捷菜单中选择〖列表〗中的〖项目列表〗；依次选中文字"公司简介""历史回顾""企业理念""团队风采""联系方式"，在 HTML〖属性〗面板中设置空链接。

（3）将光标置于任意一个导航菜单文字内，在〖CSS 样式〗面板中新建样式，弹出〖新建 CSS 规则〗对话框，如图 4-25 所示，单击〖确定〗按钮后弹出〖#nav li 的 CSS 规则定义〗对话框。

在〖#nav li 的 CSS 规则定义〗对话框中的〖方框〗分类设置如图 4-26 所示属性。

在〖#nav li 的 CSS 规则定义〗对话框中的〖区块〗分类设置如图 4-27 所示属性。

在〖#nav li 的 CSS 规则定义〗对话框中的〖类型〗分类设置如图 4-28 所示属性，单击〖确定〗按钮。

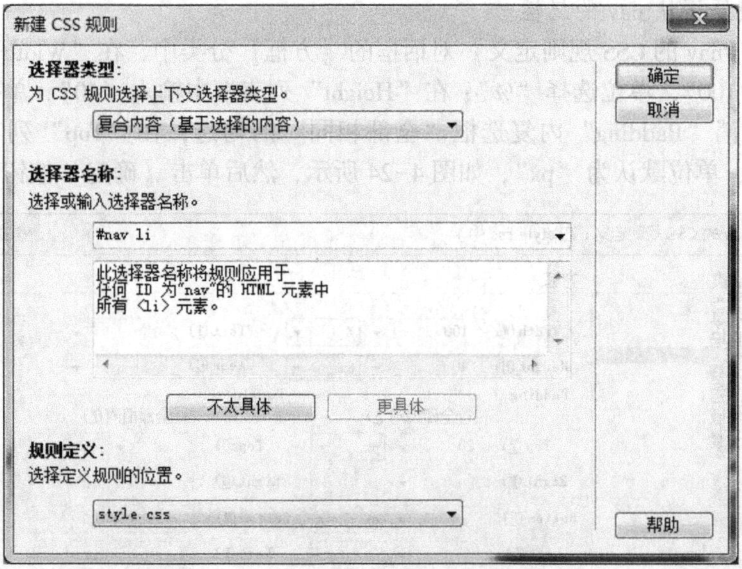

图 4-25 〖新建 CSS 规则〗对话框属性设置

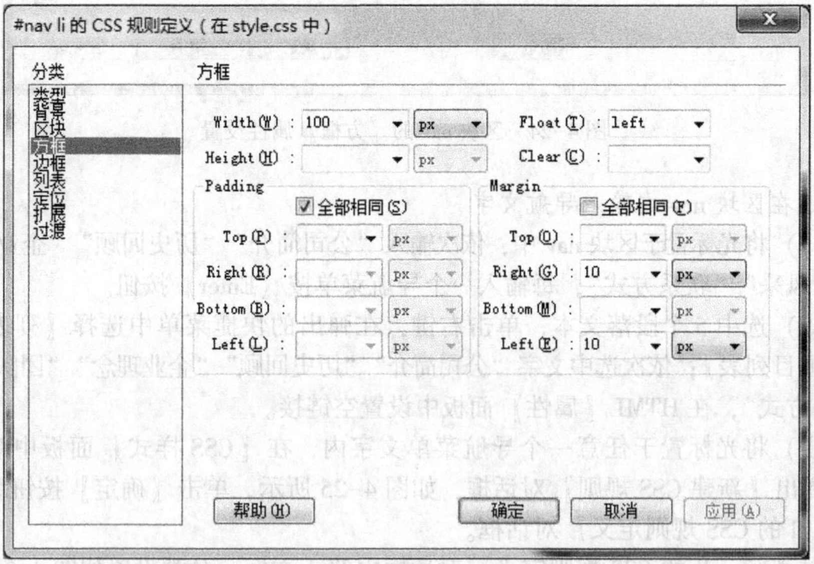

图 4-26 区块 nav 中 li 的〖方框〗属性设置

4. 设置区块 nav 中超链接的样式

将光标置于任意一个导航菜单文字内,单击〖CSS 样式〗面板中新建样式,弹出〖新建 CSS 规则〗对话框,如图 4-29 所示,单击〖确定〗按钮。

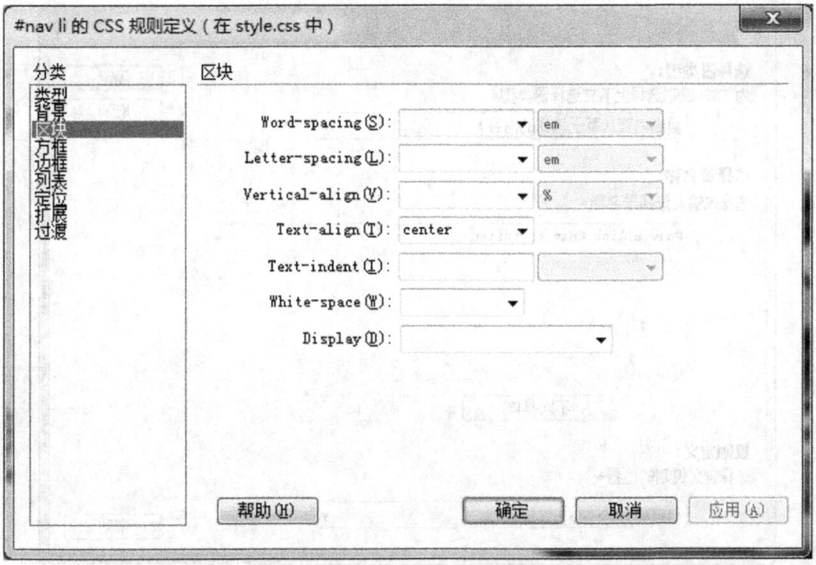

图 4-27 区块 nav 中 li 的〖区块〗属性设置

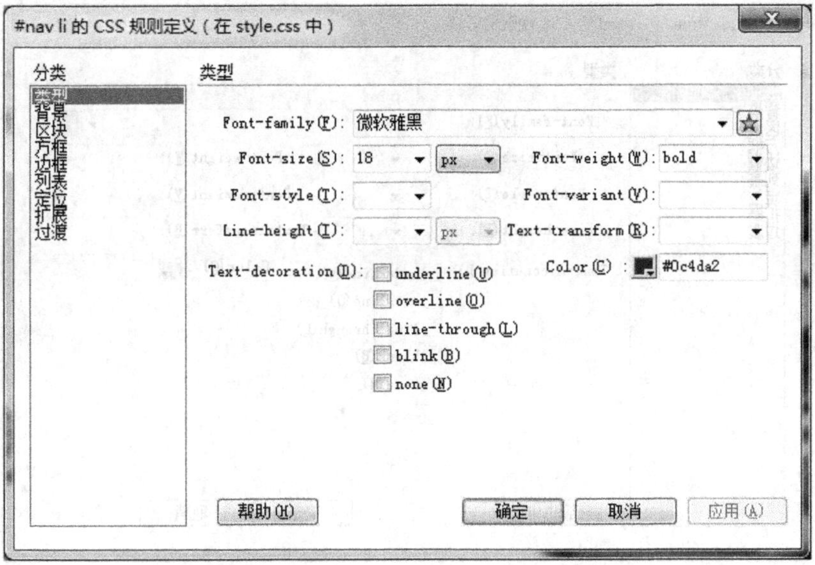

图 4-28 区块 nav 中 li 的〖类型〗属性设置

在〖CSS 规则定义〗对话框的〖类型〗分类中，勾选"Text-decoration"中的"none"复选框使超链接无下划线，如图 4-30 所示，单击〖确定〗按钮即可完成区块 nav 中超链接未访问样式和已访问样式的创建。

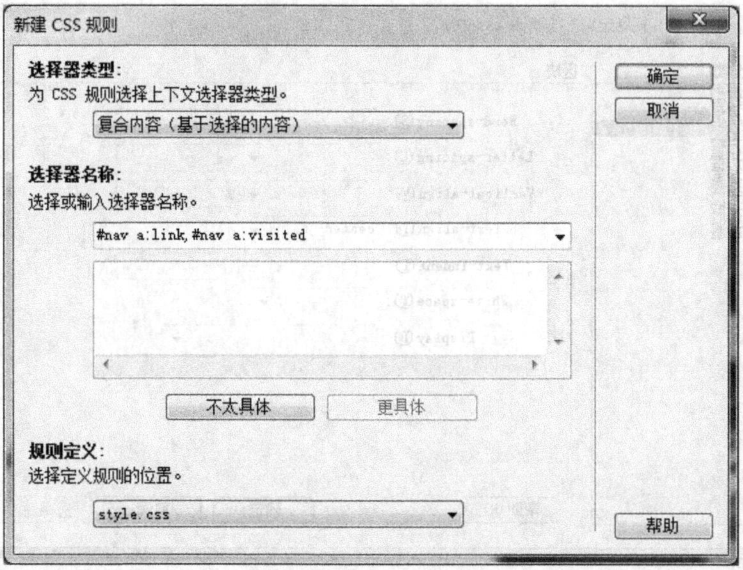

图 4-29 〖新建 CSS 规则〗对话框属性设置

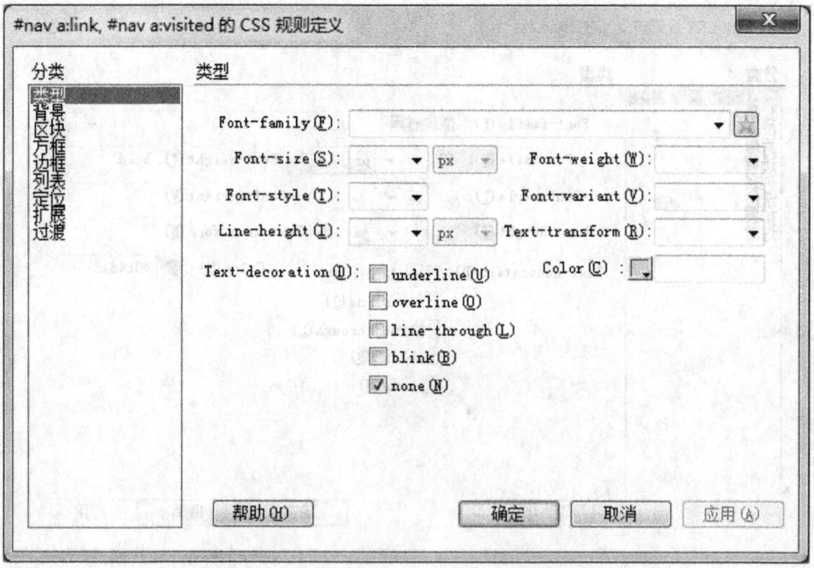

图 4-30 〖类型〗对话框属性设置

　　按照同样的方法，在〖CSS 样式〗面板中新建样式，在弹出的〖新建 CSS 规则〗对话框中，设置"选择器类型"为"复合内容"，"选择器名称"为"#nav a:hover"，单击〖确定〗按钮后，弹出的〖规则定义〗对话框。在〖类

型〗分类中设置字体颜色"#DA251D",如图 4-31 所示,单击〖确定〗按钮即
可完成区块 nav 中鼠标指向超链接时样式的创建。

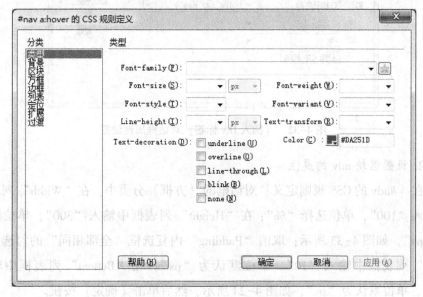

图 4-31 〖类型〗对话框属性设置

在〖文件〗菜单中单击〖保存全部〗命令,保存网页和外部样式表。

任务 4-5 插入区块 adv 实现广告效果

【任务描述】

在区块 nav 下方插入区块 adv 作为广告容器,并设置其属性。

【任务实施】

1. 通过"插入 Div 标签"对话框插入区块 nav

(1)将光标置于网页中,在〖布局〗工具栏中单击"插入 DIV 标签"按钮
囗,打开〖插入 Div 标签〗对话框。

(2)在〖插入 Div 标签〗对话框中的第一个"插入"列表框中选择"在标
签之后"选项,第二个"插入"列表框中选择"<div id="nav">"选项,在
"ID"列表框中输入"adv",如图 4-32 所示。单击〖新建 CSS 规则〗按钮弹出
〖新建 CSS 规则〗对话框,单击〖确定〗按钮弹出〖#adv 的 CSS 规则定义〗对
话框。

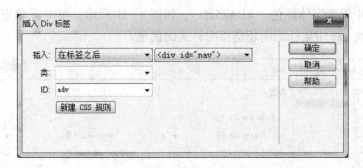

图 4-32 〖插入 Div 标签〗对话框属性设置

2. 设置区块 adv 的属性

在〖#adv 的 CSS 规则定义〗对话框的〖方框〗分类中，在 "Width" 列表框中输入 "100"，单位选择 "%"；在 "Height" 列表框中输入 "300"，单位默认为 "px"，如图 4-33 所示；取消 "Padding" 内复选框 "全部相同" 的勾选，在 "Top" 列表框中输入 "10"，单位默认为 "px"；在 "Bottom" 列表框中输入 "10"，单位默认为 "px"，如图 4-24 所示，然后单击〖确定〗按钮。

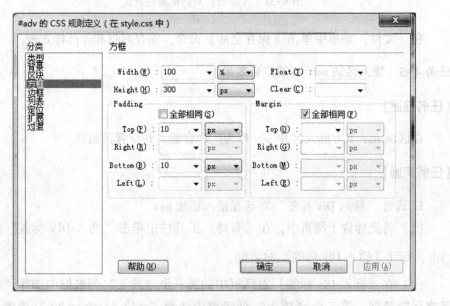

图 4-33 区块 adv 的〖方框〗属性设置

将光标置于区块 adv 内插入图像 "aboutus. png"。

在〖文件〗菜单中单击〖保存全部〗命令，保存网页和外部样式表。

任务 4-6 插入区块 main 实现网页主体效果

【任务描述】

在区块 adv 下方插入区块 main 作为网页主体部分的容器，并设置其属性。

【任务实施】

1. 通过"插入 Div 标签"对话框插入区块 adv

（1）将光标置于网页中，在〖布局〗工具栏中单击"插入 DIV 标签"按钮图，打开〖插入 Div 标签〗对话框。

（2）在〖插入 Div 标签〗对话框中的第一个"插入"列表框中选择"在标签之后"选项，第二个"插入"列表框中选择"< div id = "adv" >"选项，在"ID"列表框中输入"main"，如图 4-34 所示。单击〖新建 CSS 规则〗按钮弹出〖新建 CSS 规则〗对话框，单击〖确定〗按钮弹出〖#main 的 CSS 规则定义〗对话框。

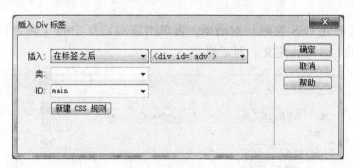

图 4-34 〖插入 Div 标签〗对话框属性设置

2. 设置区块 main 的属性

在〖#main 的 CSS 规则定义〗对话框的〖方框〗分类中，在"Width"列表框中输入"100"，单位选择"%"；在"Height"列表框中输入"350"，单位默认为"px"，如图 4-35 所示，然后单击〖确定〗按钮。

3. 在区块 main 内插入区块 main-1

（1）将光标置于网页中，在〖布局〗工具栏中单击"插入 DIV 标签"按钮图，打开〖插入 Div 标签〗对话框。

（2）在〖插入 Div 标签〗对话框中的第一个"插入"列表框中选择"在开始标签之后"选项，第二个"插入"列表框中选择"< div id = "main" >"选项，在"ID"列表框中输入"main-1"，如图 4-36 所示，单击〖新建 CSS 规则〗

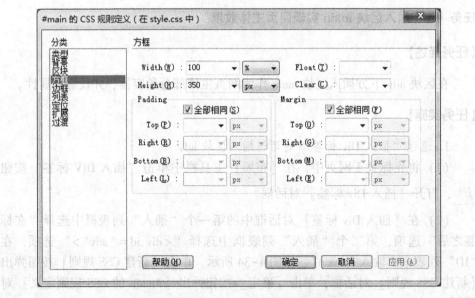

图4-35 区块main的〖方框〗属性设置

按钮弹出〖新建CSS规则〗对话框，再单击该对话框中的〖确定〗按钮弹出
〖#main-1的CSS规则定义〗对话框。

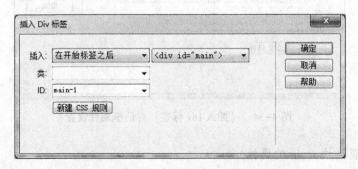

图4-36 〖插入Div标签〗对话框属性设置

4. 设置区块main-1的属性

在〖#main-1的CSS规则定义〗对话框的〖方框〗分类中，在"Width"列
表框中输入"250"，单位默认为"px"；在"Height"列表框中输入"280"，单
位默认为"px"；在"Float"列表框中选择"left"选项；取消"Margin"内复选
框"全部相同"的勾选，在"Top"列表框中输入"40"，单位默认为"px"；
在"Left"列表框中输入"50"，单位默认为"px"，如图4-37所示，然后单击
〖确定〗按钮。

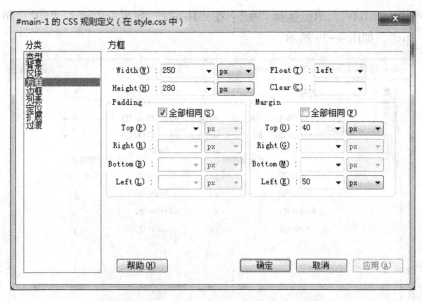

图 4-37 区块 main-1 的〖方框〗属性设置

5. 在区块 main-1 内插入区块 mainh

（1）将光标置于网页中，在〖布局〗工具栏中单击"插入 DIV 标签"按钮 ，打开〖插入 Div 标签〗对话框。

（2）在〖插入 Div 标签〗对话框中的第一个"插入"列表框中选择"在开始标签之后"选项，第二个"插入"列表框中选择"<div id="main-1">"选项，在"类"列表框中输入"mainh"，如图 4-38 所示，单击〖新建 CSS 规则〗按钮弹出〖新建 CSS 规则〗对话框，再单击该对话框中的〖确定〗按钮弹出〖.mainh 的 CSS 规则定义〗对话框。

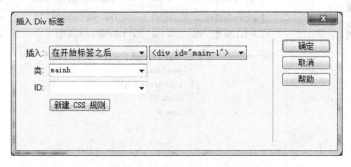

图 4-38 〖插入 Div 标签〗对话框属性设置

6. 设置区块 mainh 的属性

在〖.mainh 的 CSS 规则定义〗对话框的〖方框〗分类中，在"Width"列表框中输入"100",单位选择"%";在"Height"列表框中输入"50",单位默认为"px",如图4-39所示。

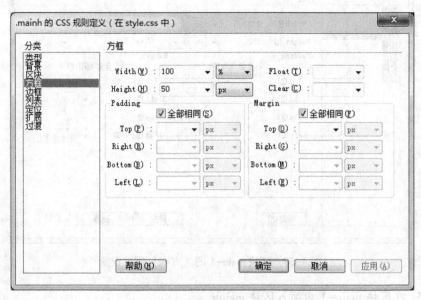

图4-39 区块mainh的〖方框〗属性设置

在〖. mainh的CSS规则定义〗对话框中的〖类型〗分类设置如图4-40所示属性,单击〖确定〗按钮。

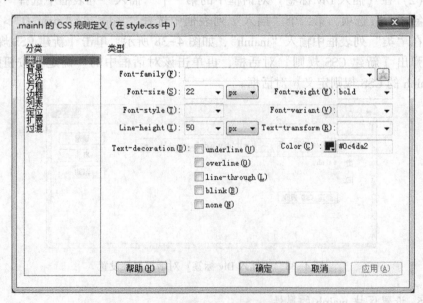

图4-40 区块mainh的〖类型〗属性设置

在〖. mainh 的 CSS 规则定义〗对话框中的〖区块〗分类设置如图 4-41 所示属性。

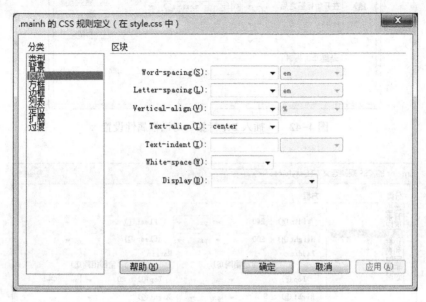

图 4-41　区块 mainh 的〖区块〗属性设置

将光标置于区块 mainh 内，插入图像 "tubiao1. png"，并输入文字 "公司简介"。

7. 在区块 mainh 的下方插入区块 maint

（1）将光标置于网页中，在〖布局〗工具栏中单击 "插入 DIV 标签" 按钮 ，打开〖插入 Div 标签〗对话框。

（2）在〖插入 Div 标签〗对话框中的第一个 "插入" 列表框中选择 "在结束标签之前" 选项，第二个 "插入" 列表框中选择 "<div id = "main-1">" 选项，在 "类" 列表框中输入 "maint"，如图 4-42 所示，单击〖新建 CSS 规则〗按钮弹出〖新建 CSS 规则〗对话框，再单击该对话框中的〖确定〗按钮弹出〖. maint 的 CSS 规则定义〗对话框。

8. 设置区块 maint 的属性

在〖. maint 的 CSS 规则定义〗对话框的〖方框〗分类中，在 "Width" 列表框中输入 "240"，单位默认为 "px"；在 "Height" 列表框中输入 "200"，单位默认为 "px"；取消 "Padding" 内复选框 "全部相同" 的勾选，在 "Right" 列表框中输入 "5"，在 "Left" 列表框中输入 "5"，单位默认为 "px"；取消 "Margin" 内复选框 "全部相同" 的勾选，在 "Top" 列表框中输入 "20"，单位默认为 "px"，如图 4-43 所示。

图 4-42 〖插入 Div 标签〗对话框属性设置

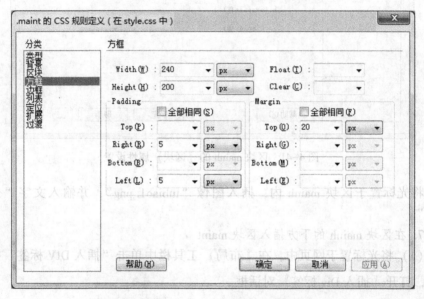

图 4-43 区块 maint 的〖方框〗属性设置

在〖.maint 的 CSS 规则定义〗对话框的〖类型〗分类设置如图 4-44 所示。将光标置于区块 maint 内输入相应文字。

9. 在区块 main-1 右侧插入区块 main-2,并设置区块 main-2 的属性

(1) 将光标置于网页中,在〖布局〗工具栏中单击 "插入 DIV 标签" 按钮，打开〖插入 Div 标签〗对话框。

(2) 在〖插入 Div 标签〗对话框中的第一个 "插入" 列表框中选择 "在标签之后" 选项,第二个 "插入" 列表框中选择 "<div id="main-1">" 选项,在 "ID" 列表框中输入 "main-2",如图 4-45 所示,单击〖新建 CSS 规则〗按钮弹出〖新建 CSS 规则〗对话框,再单击该对话框中的〖确定〗按钮弹出〖#main-2 的 CSS 规则定义〗对话框。

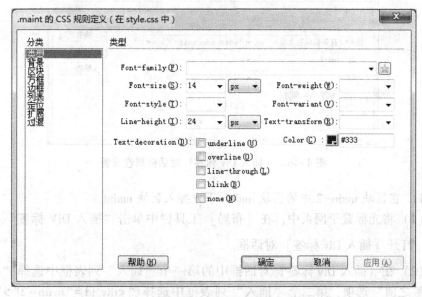

图 4-44 区块 maint 的〖类型〗属性设置

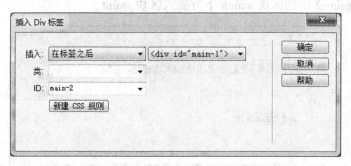

图 4-45 〖插入 Div 标签〗对话框属性设置

（3）参照区块 main-1 的属性，设置区块 main-2 的属性。

10. 在区块 main-2 中插入区块 mainh

（1）将光标置于网页中，在〖布局〗工具栏中单击"插入 DIV 标签"按钮 ，打开〖插入 Div 标签〗对话框。

（2）在〖插入 Div 标签〗对话框中的第一个"插入"列表框中选择"在开始标签之后"选项，第二个"插入"列表框中选择"<div id="main-2">"选项，在"类"列表框中选择"mainh"，如图 4-46 所示，单击〖确定〗按钮后即可在区块 main-2 中插入区块 mainh。

将光标置于区块 mainh 内，插入图像 tubiao2. png，并输入文字"企业理念"。

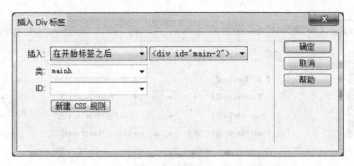

图 4-46 〖插入 Div 标签〗对话框属性设置

11. 在区块 main-2 中的区块 mainh 下方插入区块 maint

（1）将光标置于网页中，在〖布局〗工具栏中单击"插入 DIV 标签"按钮 ，打开〖插入 Div 标签〗对话框。

（2）在〖插入 Div 标签〗对话框中的第一个"插入"列表框中选择"在结束标签之前"选项，第二个"插入"列表框中选择"<div id="main-2">"选项，在"类"列表框中选择"maint"，如图 4-47 所示，单击〖确定〗按钮后即可在区块 main-2 中的区块 mainh 下方插入区块 maint。

图 4-47 〖插入 Div 标签〗对话框属性设置

将光标置于区块 maint 内输入相应文字。

12. 仿照步骤 9-11，在区块 main-2 右侧插入区块 main-3，并设置区块 main-3 的属性；在区块 main-3 中依次插入区块 mainh、maint，插入图像，输入文字。

在〖文件〗菜单中单击〖保存全部〗命令，保存网页和外部样式表。

任务 4-7 插入区块 bottom 实现底部版权信息效果

【任务描述】

在区块 main 下方插入区块 bottom 作为网页底部版权信息部分的容器，并设置其属性。

【任务实施】

1. 通过"插入 Div 标签"对话框插入区块 bottom

（1）将光标置于网页中，在〖布局〗工具栏中单击"插入 DIV 标签"按钮 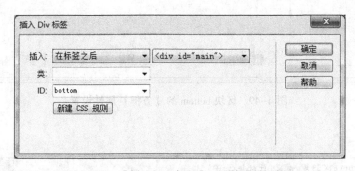，打开〖插入 Div 标签〗对话框。

（2）在〖插入 Div 标签〗对话框中的第一个"插入"列表框中选择"在标签之后"选项，第二个"插入"列表框中选择"< div id=" main" >"选项，在"ID"列表框中输入"bottom"，如图 4-48 所示。单击〖新建 CSS 规则〗按钮弹出〖新建 CSS 规则〗对话框，单击〖确定〗按钮弹出〖#bottom 的 CSS 规则定义〗对话框。

图 4-48　〖插入 Div 标签〗对话框属性设置

2. 设置区块 bottom 的属性

在〖#bottom 的 CSS 规则定义〗对话框的〖方框〗分类中，在"Width"列表框中输入"960"，单位默认为"px"；在"Height"列表框中输入"50"，单位默认为"px"；取消"Padding"内复选框"全部相同"的勾选，在"Top"列表框中输入"20"，单位默认为"px"，如图 4-49 所示。

在〖#bottom 的 CSS 规则定义〗对话框中的〖类型〗分类设置如图 4-50 所示属性，单击〖确定〗按钮。

在〖#bottom 的 CSS 规则定义〗对话框中的〖区块〗分类设置如图 4-51 所示属性。

将光标置于区块 bottom 内，输入相应文字。

在〖文件〗菜单中单击〖保存全部〗命令，保存网页和外部样式表，按快捷键 F12 浏览网页效果。

网页 index0401. html 中所链接的 CSS 样式文件 style. css 中的代码见表 4-1。

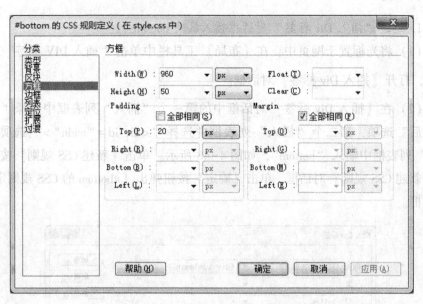

图 4-49 区块 bottom 的〖方框〗属性设置

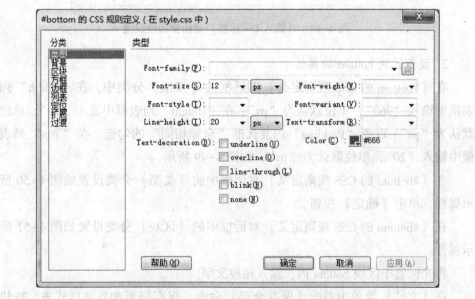

图 4-50 区块 bottom 的〖类型〗属性设置

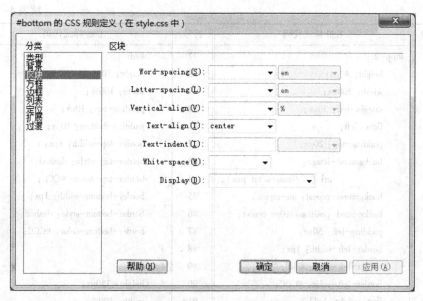

图 4-51 区块 bottom 的〖区块〗属性设置

表 4-1 CSS 样式文件 style. css 中的代码

行号	CSS 样式代码	行号	CSS 样式代码
1	* CSS Document * /	21	height：80px；
2	* {	22	width：97px；
3	border：0px；	23	}
4	padding：0px；	24	#nav {
5	margin：0px；	25	height：40px；
6	}	26	width：100%；
7	body {	27	padding-top：20px；
8	background-color：#FBFBFB；	28	}
9	}	29	#nav li {
10	#box {	30	width：100px；
11	width：960px；	31	list-style-type：none；
12	margin-right：auto；	32	text-align：center；
13	margin-left：auto；	33	float：left；
14	}	34	font-size：18px；
15	#top {	35	font-weight：bold；
16	height：80px；	36	color：#0c4da2；
17	width：100%；	37	font-family："微软雅黑"；
18	}	38	margin-right：10px；
19	#top-1 {	39	margin-left：10px；
20	float：left；	40	}

行号	CSS 样式代码	行号	CSS 样式代码
41	#top-2 {	77	#adv {
42	height：40px;	78	height：300px;
43	width：200px;	79	width：100%;
44	margin-left：30px;	80	padding-top：10px;
45	float：left;	81	padding-bottom：10px;
46	padding-top：20px;	82	border-top-width：1px;
47	background-image：	83	border-top-style：dashed;
	url（../images/tel.png）;	84	border-top-color：#CCC;
48	background-repeat：no-repeat;	85	border-bottom-width：1px;
49	background-position：10px center;	86	border-bottom-style：dashed;
50	padding-left：50px;	87	border-bottom-color：#CCC;
51	border-left-width：1px;	88	}
52	border-left-style：solid;	89	#main {
53	border-left-color：#CCC;	90	height：350px;
54	font-weight：bold;	91	width：100%;
55	color：#0c4da2;	92	}
56	margin-top：10px;	93	#main-1 {
57	}	94	height：280px;
58	#top-3 {	95	width：250px;
59	float：right;	96	margin-top：40px;
60	height：50px;	97	margin-left：50px;
61	width：100px;	98	float：left;
62	margin-right：10px;	99	}
63	background-image：	100	#main-2 {
	url（../images/dl.png）;	101	height：280px;
64	background-repeat：no-repeat;	102	width：250px;
65	background-position：	103	margin-top：40px;
	left center;	104	margin-left：50px;
66	padding-top：30px;	105	float：left;
67	padding-left：40px;	106	}
68	color：#0c4da2;	107	#main-3 {
69	font-weight：bold;	108	height：280px;
70	}	109	width：250px;
71	#nav a：link, #nav a：visited {	110	margin-top：40px;
72	text-decoration：none;	111	margin-left：50px;
73	}	112	float：left;
74	#nav a：hover {	113	}
75	color：#DA251D;	114	.mainh {
76	}	115	height：50px;

行号	CSS 样式代码	行号	CSS 样式代码
116	width：100%；	131	line-height：24px；
117	text-align：center；	132	}
118	color：#0c4da2；	133	#bottom {
119	line-height：50px；	134	height：50px；
120	font-size：22px；	135	width：960px；
121	font-weight：bold；	136	text-align：center；
122	}	137	padding-top：20px；
123	.maint {	138	font-size：12px；
124	font-size：14px；	139	color：#666；
125	color：#333；	140	line-height：20px；
126	height：200px；	141	border-top-width：1px；
127	width：240px；	142	border-top-style：dotted；
128	margin-top：20px；	143	border-top-color：#CCC；
129	padding-right：5px；	144	}
130	padding-left：5px；		

〖**知识储备**〗

1. DIV

DIV 指 HTML 文档中的分隔或部分，<div>标签常用于组合块级元素，浏览器通常会在 DIV 元素前后放置一个换行符，通过样式表 CSS 来对这些元素进行格式化。

2. CSS

CSS（Cascading style Sheets）是层叠样式表，CSS 是一系列格式设置规则，它们控制网页内容的外观。通过使用 CSS 样式设置页面的格式，可将页面的内容与表现形式分离。

（1）CSS 的语法由三个部分构成：选择器 {属性：属性值;}。

1）选择器是可以是多种形式（类、ID 、标签、复合内容）。

2）属性与属性值要用 "：" 分隔，属性与属性之间要用 "；" 分隔。

例如：p {

text-align：right；

color：green；

}

（2）选择器的书写格式和使用方法。

1）标签选择器其实就是 HTML 代码中的标签（html、span、p、div、a、img等）。

例如：p {

text-align: center;

color: red

}

2）用类选择器能够把相同的元素分类定义不同的样式。定义类选择器时，系统会自动在类的名称前面加一个点号 "."，该类型的样式可多次应用于任何 HTML 元素。

例如：. font01 {

font-family: "宋体";

font-size: 14px;

color: #F00;

}

3）先在页面中为某个元素指定 ID（唯一），然后采用 ID 选择器对这个元素定义单独的样式。定义 ID 选择器时，系统会自动在 ID 名称前加一个 "#"，该类型的样式仅应用于 ID 匹配的元素起作用。

例如：#top {

font-family: "宋体";

font-size: 16px;

}

4）选择器的优先级别：ID 选择器>类选择器>标签选择器。

5）可以单独对某种元素定义复合选择器。

例如：要改变表格内的链接样式，而表格外的链接样式不变，CSS 规则定义为

table a {

    font-size: 12px;

color: red;

text-decoration: none;

}

6）可以把相同属性和值的选择器组合起来书写，用逗号将选择器分开，这样可以减少样式重复定义。

例如：h1, h2, h3, h4, h5, h6 {

color: green

}

（3）CSS 样式表有三种类型：内联样式、内部样式和外部样式。

1）内联样式：写在 HTML 标签的 style 属性中的样式，这些样式规则只对其所在的标签有效。

例如：

<p style="font-family：黑体；font-size：18px;">企业简介</p>

2）内部样式：将样式放在标签<style>内，直接包含在 HTML 文档中，以这种方式使用的样式表必须出现在 HTML 文档的<head>标签中。

例如：<style type="text/css">

```
body {
        margin-left：0px；
        margin-top：30px；
        margin-right：0px；
        margin-bottom：0px；
        background-color：#f2f2f2；
}
.font02 {
        font-size：16px；
        font-weight：bold；
}
</style>
```

3）使用"DIV+CSS"布局流程：

首先，在页面上使用 DIV 标签划分内容区域；然后，再用 CSS 进行定位；最后，在相对应的区域添加内容。

任务小结

本单元所制作的网页应用"DIV+CSS"进行布局，通过本单元的学习熟悉了在网页的不同位置插入 DIV 的方法，并通过 CSS 样式对网页样式进行控制。

单元 5   使用模板和库制作网页

模板是制作具有相同版式网页的基础文档，而库是一种特殊的 Dreamweaver 文件，用来存放在整个网站中经常被重复使用或更新的网页元素，如网站图标、固定的导航条等。通常在一个网站中会有大量风格相似的页面，为避免重复制作，可以通过 Dreamweaver 提供的模板和库功能，将具有相同版式的页面制作成模板，再通过模板快速创建其他页面。模板和库的应用能大大提高维护网站的效率，因为更新模板和库时，能使所有应用该模板和库的页面同时自动更新。

本单元以制作产品展示网页为例，介绍如何在现有网页的基础上创建网页模板、编辑模板，如何利用模板生成新网页，如何修改模板并同步更新该模板生成的网页，如何创建库项目，以及如何修改库项目并同步更新包含该库项目的网页。

任务 5   制作产品展示网页

使用模板和库制作两个展示产品的网页，介绍×××公司销售的各种产品，见图 5-1、图 5-2。

任务 5-1   制作用来生成模板的网页

【任务描述】

（1）创建站点，站点目录结构"Elephantdudu \ unit05\ task05-1"。

（2）在站点中建立子文件夹"images"，设置默认图像文件夹。

（3）新建网页"index0501. html"，设置网页标题，制作用来生成网页模板的网页。

【任务实施】

1. 创建站点

在"Elephantdudu"文件夹下新建"unit05"文件夹，在"unit05"文件夹下新建"task05-1"文件夹，作为单元 5 的本地站点文件夹。

2. 建立子文件夹"images"

在〖文件〗面板中已经建好的站点根目录上单击右键，在弹出的快捷菜单中选择〖新建文件夹〗命令，然后将文件夹重命名为 images，并将文件夹 images 设置为默认图像文件夹。

您好！欢迎来到×××   登录|我的订单|购物车

年中大促

全场8折起

活动时间：6月18日-6月28日

| 办公纸张 | 书写工具 | 学生用品 | 本册纸品 | 美术用品 |

≡ 商 品 分 类　　　产品展示→纸张　　　　　　　　　　　　　　　　　　　　　　MORE ⊙

纸张
  ├ 打印纸
  ├ 复印纸
  ├ 其他纸品

书写工具
  ├ 铅笔
  ├ 中性笔
  ├ 记号笔
  ├ 圆珠笔
  ├ 钢笔
  ├ 荧光笔
  ├ 白板笔
  ├ 墨水
  ├ 橡皮

学生用品
  ├ 笔袋/笔盒
  ├ 仪尺
  ├ 书包
  ├ 剪刀
  ├ 固体胶

本册纸品
  ├ 软抄本
  ├ 硬抄本
  ├ 线圈本
  ├ 活页本
  ├ 便签纸

美术用品
  ├ 油画棒
  ├ 水彩笔
  ├ 彩色铅笔

复印纸 A4 70g 500张/包　　　复印纸 A4 70g 5包/箱　　　四联电脑针式打印纸

产品展示→书写工具　　　　　　　　　　　　　　　　　　　　　　MORE ⊙

中性笔 0.5MM 黑色　　　水笔 0.5MM 黑色　　　0.5MM活动铅笔

产品展示→本册纸品　　　　　　　　　　　　　　　　　　　　　　MORE ⊙

线装订本 A5 80页　　　50页螺旋笔记本 A5　　　皮面记事本 25K 80页

购物指南｜配送方式｜支付方式｜售后服务｜关于我们｜合同条款

Copyri×××©2018 ××× 文化用品有限公司 版权所有

图 5-1　第 1 个产品展示网页的浏览效果

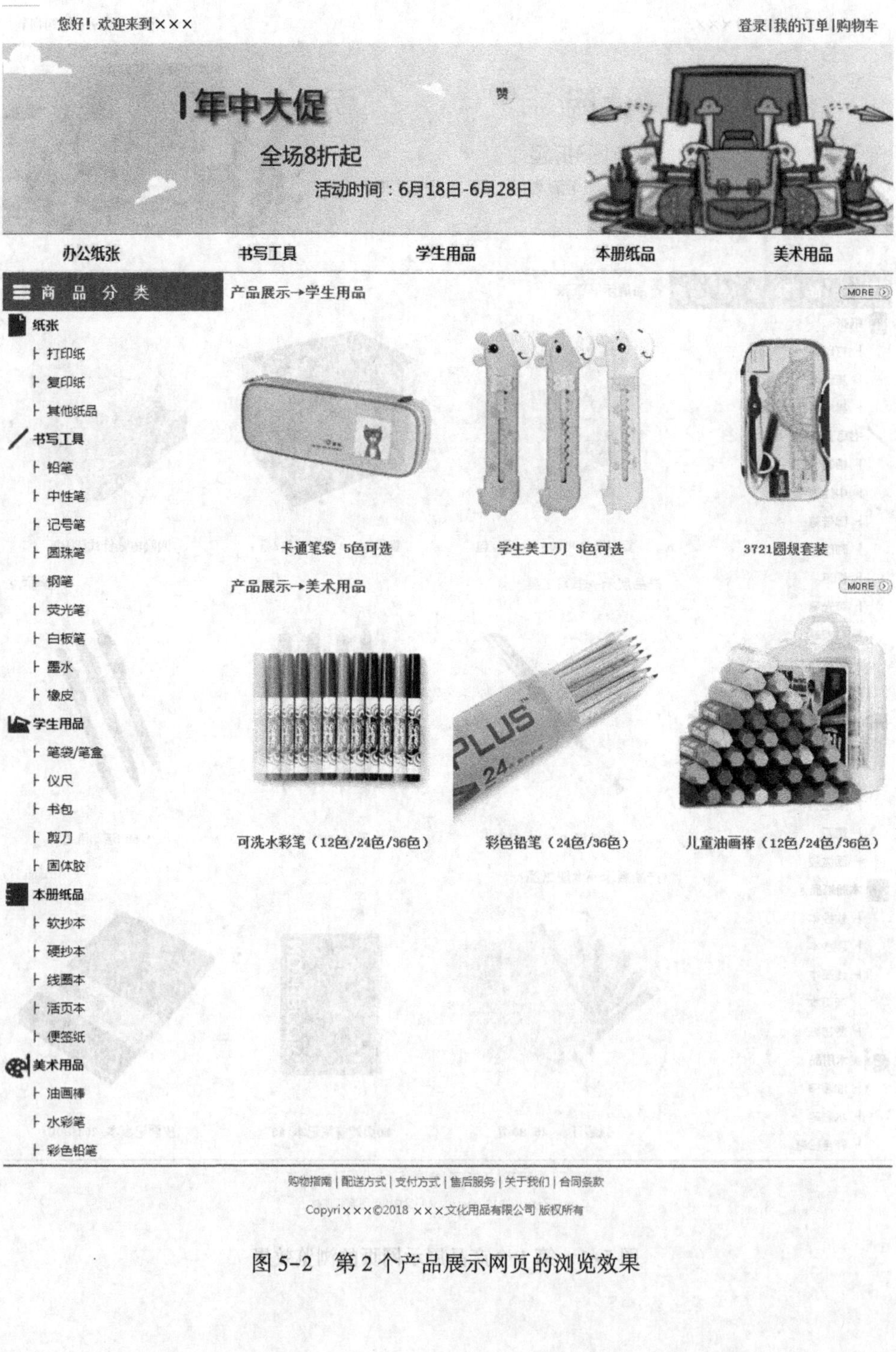

您好！欢迎来到×××

登录 | 我的订单 | 购物车

年中大促

全场8折起

活动时间：6月18日-6月28日

赞

办公纸张　　　书写工具　　　学生用品　　　本册纸品　　　美术用品

商品分类

产品展示→学生用品

MORE ⊙

纸张
├ 打印纸
├ 复印纸
├ 其他纸品

书写工具
├ 铅笔
├ 中性笔
├ 记号笔
├ 圆珠笔
├ 钢笔
├ 荧光笔
├ 白板笔
├ 墨水
├ 橡皮

学生用品
├ 笔袋/笔盒
├ 仪尺
├ 书包
├ 剪刀
├ 固体胶

本册纸品
├ 软抄本
├ 硬抄本
├ 线圈本
├ 活页本
├ 便签纸

美术用品
├ 油画棒
├ 水彩笔
├ 彩色铅笔

卡通笔袋 5色可选　　　　学生美工刀 3色可选　　　　3721圆规套装

产品展示→美术用品

MORE ⊙

可洗水彩笔（12色/24色/36色）　　彩色铅笔（24色/36色）　　儿童油画棒（12色/24色/36色）

购物指南 | 配送方式 | 支付方式 | 售后服务 | 关于我们 | 合同条款

Copyri×××©2018 ×××文化用品有限公司 版权所有

图 5-2　第 2 个产品展示网页的浏览效果

3. 新建网页"index0501. html"，设置网页标题，制作用来生成网页模板的网页

（1）在站点根目录下新建网页"index0501. html"，设置网页标题"产品展示"。

（2）设置页面属性："左边距"和"上边距"均设置为"0px"，网页布局结构如图 5-3 所示。

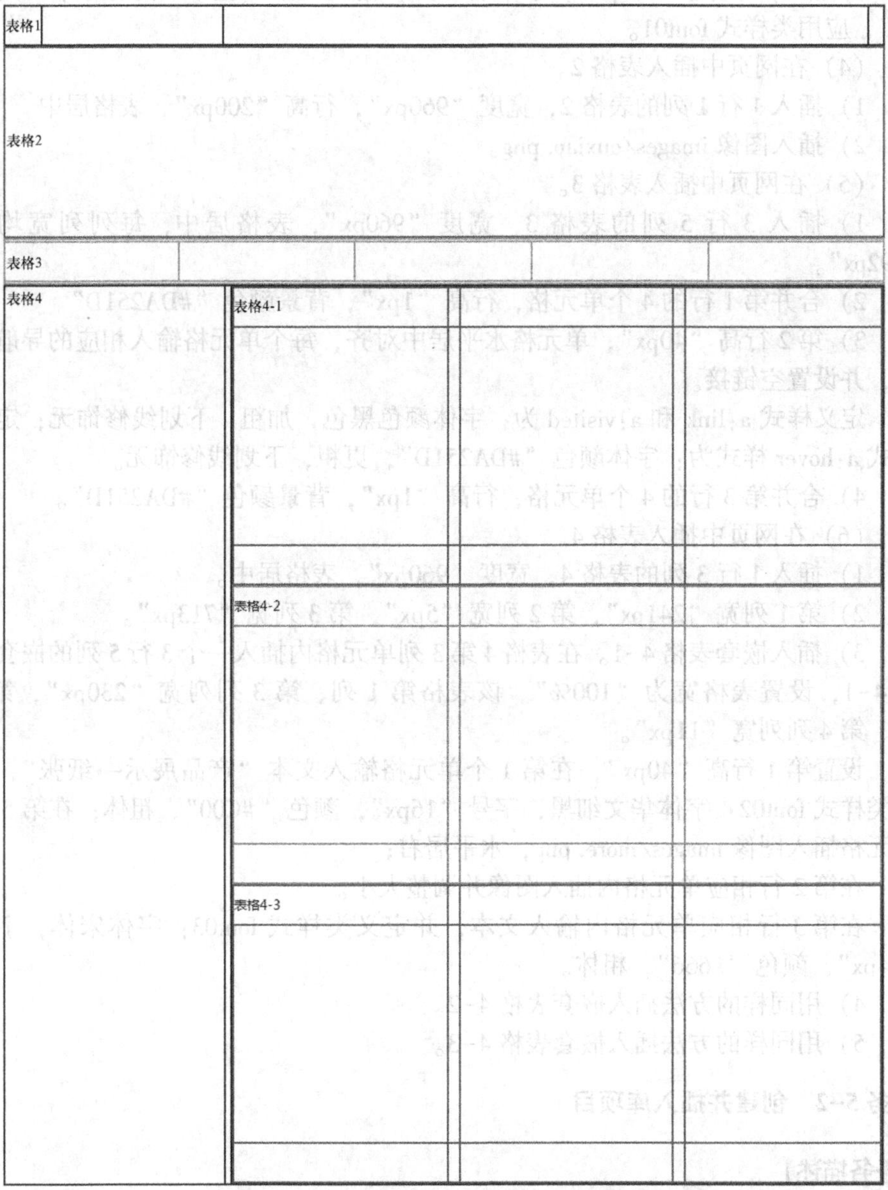

表格1				
表格2				
表格3				
表格4	表格4-1			
	表格4-2			
	表格4-3			

图 5-3　产品展示网页的布局结构

（3）在网页中插入表格1。

1）插入1行4列的表格1，宽度"960px"，表格居中，行高"40px"。

2）第1列宽"40px"，插入图像 images/logo. png。

3）第2列宽"199px"，水平居中对齐，输入文本"您好！欢迎来到×××"，定义类样式 font01：字体宋体，字号"14px"，颜色"#DA251D"，粗体。

4）第3列列宽"708px"，水平右对齐，输入文本"登录 | 我的订单 | 购物车"，应用类样式 font01。

（4）在网页中插入表格2。

1）插入1行1列的表格2，宽度"960px"，行高"200px"，表格居中。

2）插入图像 images/cuxiao. png。

（5）在网页中插入表格3。

1）插入3行5列的表格3，宽度"960px"，表格居中，每列列宽均为"192px"。

2）合并第1行的4个单元格，行高"1px"，背景颜色"#DA251D"。

3）第2行高"40px"，单元格水平居中对齐，每个单元格输入相应的导航文本，并设置空链接。

定义样式 a:link 和 a:visited 为：字体颜色黑色，加粗，下划线修饰无；定义样式 a:hover 样式为：字体颜色"#DA251D"，更粗，下划线修饰无。

4）合并第3行的4个单元格，行高"1px"，背景颜色"#DA251D"。

（6）在网页中插入表格4。

1）插入1行3列的表格4，宽度"960px"，表格居中。

2）第1列宽"241px"，第2列宽"5px"，第3列宽"713px"。

3）插入嵌套表格4-1。在表格4第3列单元格内插入一个3行5列的嵌套表格4-1，设置表格宽为"100%"。该表格第1列、第3列列宽"230px"，第2列、第4列列宽"11px"。

设置第1行高"40px"，在第1个单元格输入文本"产品展示→纸张"，定义类样式 font02：字体华文细黑，字号"16px"，颜色"#C00"，粗体；在第5个单元格插入图像 images/more. png，水平居右；

在第2行相应单元格内插入图像并调整大小。

在第3行相应单元格内输入文本，并定义类样式 font03：字体宋体，字号"14px"，颜色"#666"，粗体。

4）用同样的方法插入嵌套表格4-2。

5）用同样的方法插入嵌套表格4-3。

任务5-2　创建并插入库项目

【任务描述】

（1）将现有网页 nav. html 中的商品分类表格转换为库项目。

（2）将网页底部的版权信息区域定义为库项目。

（3）在网页中插入库项目。

【任务实施】

1. 将现有网页内容转换为库项目

（1）打开文件夹"webpage"中网页文档"nav. html"。

（2）选中该网页文档中的 2 行 2 列的商品分类表格。

（3）在 Dreamweaver CS6 主界面中，选择菜单〖修改〗→〖库〗→〖增加对象到库〗，如图 5-4 所示，将选中的表格转化为库文件。此时会弹出提示信息对话框，在该对话框中单击〖确定〗按钮，库项目的内容随即会出现在〖资源〗面板中，等待输入新的库文件名称，如图 5-5 所示。

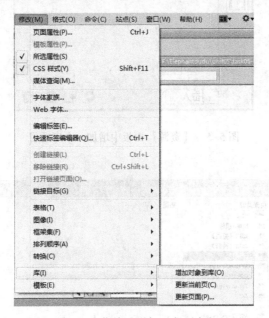

图 5-4 菜单〖增加对象到库〗

在名称框中输入新的库文件名称"nav. lbi"，". lbi"为库文件的扩展名，然后按〖Enter〗键即可将商品分类表格转换为库项目。

（4）Dreamweaver CS6 会把库项目文件保存在本地站点根文件夹下的"Library"子文件夹中，如果本地站点没有该文件夹，Dreamweaver 会自动创建该文件夹。

2. 使用〖新建文档〗创建商品分类库项目

（1）创建库项目。在 Dreamweaver 中选择菜单〖文件〗→〖新建〗，在弹出的〖新建文档〗对话框中选择"空白页"→"库项目"，如图 5-6 所示。然后单击〖创建〗按钮，创建一个空白库项目。

图 5-5 〖资源〗面板中增加一个库项目

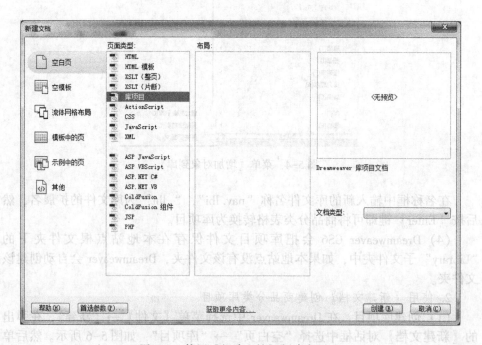

图 5-6 使用〖新建文档〗创建库项目

（2）保存库文件。单击〖标准〗工具栏中的〖保存〗按钮，在弹出的〖另存为〗对话框中的"保存在"列表框中选择"Library"文件夹，"保存类型"下拉列表框中选择"库文件（＊.lbi）"，"文件名"文本框中输入"bottom.lbi"，然后单击〖保存〗按钮，保存库项目文件。

（3）在库项目中插入表格。

1）在库项目中插入一个 3 行 1 列的表格，表格宽"960px"，边框、填充、间距都为"0"，将对齐方式设置为"居中对齐"。

2）表格第 1 行行高为"2px"，背景颜色为"#DA251D"，切换到网页的〖代码〗视图，将第 1 行单元格中的空格符号" "删除。

3）表格第 2、3 行行高为"30px"，各行单元格的水平对齐方式为"居中对齐"，垂直对齐方式为"居中"。

（4）在表格中输入文字。

1）在表格的第 2 行单元格中输入文字"购物指南｜配送方式｜支付方式｜售后服务｜关于我们｜合同条款"；设置单元格的内联样式：文字大小"12px"，字体颜色"#666"。

2）在表格的第 3 行单元格中输入文字"Copyri×××© 2018 ×××文化用品有限公司 版权所有"；设置单元格的内联样式：文字大小"12px"，字体颜色"#666"。

（5）保存库文件，其效果如图 5-7 所示。

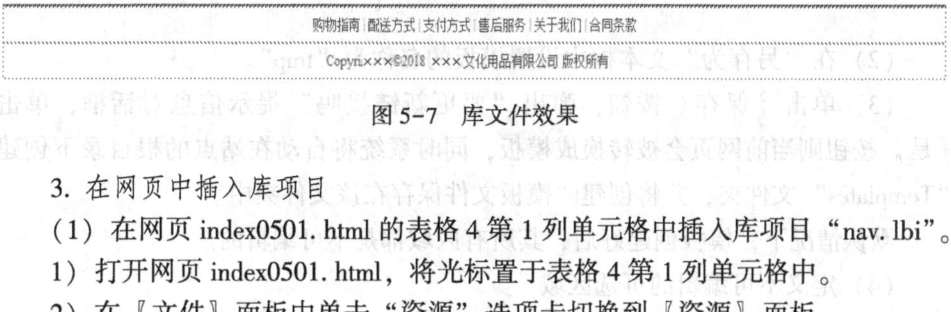

购物指南｜配送方式｜支付方式｜售后服务｜关于我们｜合同条款

Copyri×××©2018 ×××文化用品有限公司 版权所有

图 5-7　库文件效果

3. 在网页中插入库项目

（1）在网页 index0501.html 的表格 4 第 1 列单元格中插入库项目"nav.lbi"。

1）打开网页 index0501.html，将光标置于表格 4 第 1 列单元格中。

2）在〖文件〗面板中单击"资源"选项卡切换到〖资源〗面板。

3）在〖资源〗面板中单击左侧的〖库〗按钮，显示本站点所有的库项目文件，选中要插入的库项目"nav"，单击该面板中左下角的〖插入〗按钮，即可插入 1 个库项目。

插入到网页中库的项目背景会显示为淡黄色，同样是不可编辑的。

（2）在网页 index0501.html 的表格 4 下方插入库项目"bottom.lbi"。将光标置于表格 4 的右侧，在〖资源〗面板中选中要插入的库项目"bottom"，然后单击该面板中左下角的〖插入〗按钮，即可在表格 4 的下方插入第 2 个库项目。

保存网页，其预览效果见图 5-1。

任务 5-3　创建模板

【任务描述】

利用现有网页 index0501. html 创建网页模板 tmp. dwt。

【任务实施】

（1）打开网页 index0501. html，在 Dreamweaver CS6 主界面中，选择菜单〖文件〗→〖另存为模板〗，弹出〖另存模板〗对话框，如图 5-8 所示。

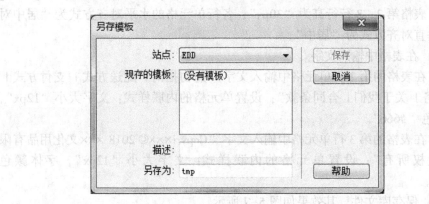

图 5-8　〖另存模板〗对话框

（2）在"另存为"文本框中设置模板的名称为"tmp"。

（3）单击〖保存〗按钮，弹出"要更新链接吗"提示信息对话框，单击〖是〗按钮则当前网页会被转换成模板，同时系统将自动在站点的根目录下创建"Templates"文件夹，并将创建的模板文件保存在该文件夹中。

默认情况下，模板创建好后，其所有区域都是不可编辑的。

（4）定义不可编辑的可选区域。

1）选择要设置为不可编辑的可选区域的表格 3。

2）在 Dreamweaver CS6 主界面中，选择菜单〖插入〗→〖模板对象〗→〖可选区域〗，如图 5-9 所示；或者在〖常用〗工具面板中，单击〖模板〗下拉菜单中的〖可选区域〗按钮，弹出〖新建可选区域〗对话框，"基本"选项卡如图 5-10 所示。

3）在〖新建可选区域〗对话框中"基本"选项卡的"名称"文本框中输入该可选区域的名称。如果选中"默认显示"复选框，则该可选区域在默认情况下将在网页中显示。单击〖确定〗按钮，即可定义一个不可编辑的可选区域。

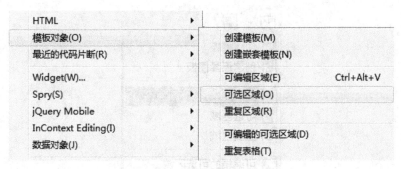

图 5-9 〖可选区域〗菜单

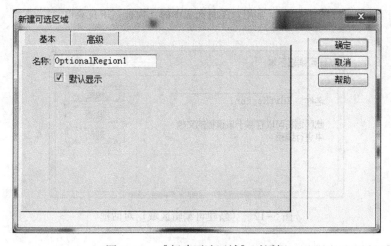

图 5-10 〖新建可选区域〗对话框

设置完成后，页面中可选区域有蓝色标签，标签上是可选区域的名称"If OptionalRegion1"。

（5）定义可编辑区域。

1）将表格 4-1 定义为可编辑区域。

选中表格 4-1，在〖常用〗工具面板中如图 5-11 所示的〖模板〗下拉菜单中单击〖可编辑区域〗按钮，弹出的〖新建可编辑区域〗对话框。在〖新建可编辑区域〗对话框中的"名称"文本框中输入第一个可编辑区域的名称"EditRegion1"，如图 5-12 所示。

2）按上述方法，将表格 4-2 定义为可编辑区域，且将该可编辑区域命名为"EditRegion2"。

3）按上述方法，将表格 4-3 定义为可编辑区域，且将该可编辑区域命名为"EditRegion3"。

图 5-11　〖常用〗工具面板中的〖模板〗下拉菜单

图 5-12　〖新建可编辑区域〗对话框

保存所创建的模板，如图 5-13 所示。

任务 5-4　创建基于模板的网页

【任务描述】

（1）创建基于网页模板 tmp. dwt 的网页 index0502. html。

（2）修改和更新模板 tmp. dwt 的属性。

（3）编辑与更新网页 index0502. html 的内容。

【任务实施】

1. 应用网页模板创建网页文档

（1）在 Dreamweaver CS6 主界面中，选择菜单〖文件〗→〖新建〗，弹出〖新建文档〗对话框，在〖新建文档〗对话框中依次单击选择〖模板中的页〗→〖EDD〗→〖tmp〗选项，如图 5-14 所示。

图 5-13 模板效果图

（2）单击〖创建〗按钮，将基于该模板创建一个新的网页。

（3）将新创建的基于模板的网页保存在站点根目录下，命名为"index0502.html"，此时该网页效果和网页 index0501.html 一样。

2. 修改和更新网页模板属性，显示或隐藏可选区域

打开或切换到基于模板创建的网页，选择菜单〖修改〗→〖模板属性〗，弹出如图 5-15 所示的〖模板属性〗对话框，该对话框中列出了可选区域的名称。

在〖模板属性〗对话框中，单击选中可选区域的名称"OptionalRegion1"，并选中"显示 OptionalRegion1"复选框，单击〖确定〗按钮即可在网页 index0502.html 中显示可选区域；若不勾选"显示 OptionalRegion1"复选框，单击〖确定〗按钮即可在网页 index0502.html 中隐藏可选区域。

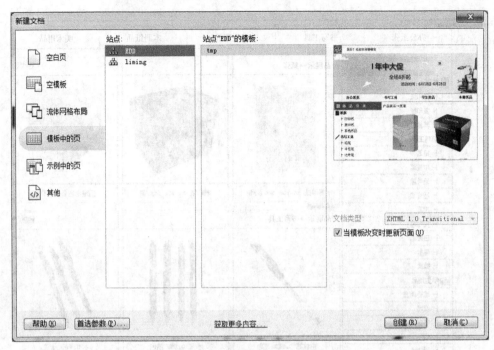

图 5-14 〖新建文档〗对话框

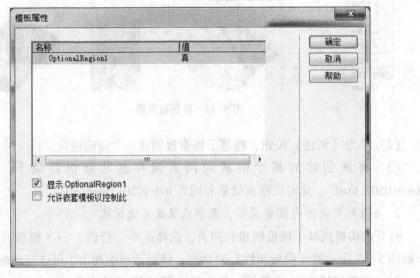

图 5-15 〖模板属性〗对话框

3. 编辑与更新基于网页模板创建的网页

（1）在表格 4-1 中输入文字和插入图像，根据图像的大小和文字内容的多少，对表格 4-1 进行适当的调整。

（2）在表格 4-2 中输入文字和插入图像，根据图像的大小和文字内容的多少，对表格 4-2 进行适当的调整。

（3）选中表格 4-3，按〖Delete〗键删除表格。

保存网页 index0502.html，预览其效果见图 5-2。

任务 5-5　修改网页模板并更新网页

【任务描述】

对网页模板 tmp.dwt 进行必要的修改，然后更新由该模板生成的网页文档 index0502.html。

【任务实施】

对网页模板进行修改后，可以将网页模板的修改应用于所有由该模板生成的网页。

（1）打开模板文档，对网页模板中的文字、图像或表格进行必要的修改，如将表格 1 第 2 列单元格的文字修改为"您好！欢迎光临×××"，将表格 1 的行高修改为"60px"，第 1 列的列宽修改为"60px"，调整图像 logo.png 的宽、高均为"60px"。

（2）单击〖标准〗工具栏中的〖保存〗按钮，弹出〖更新模板文件〗对话框，如图 5-16 所示。在该对话框中单击〖更新〗按钮，系统开始更新模板文件，并且会弹出如图 5-17 所示的〖更新页面〗对话框。

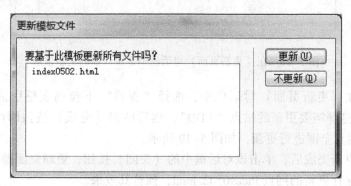

图 5-16　〖更新模板文件〗对话框

（3）在〖更新页面〗对话框中选中复选框"显示记录"，该对话框变成如图 5-18 所示，在其下方"状态"列表框中显示检查文件数、更新文件数等详细的更新信息。

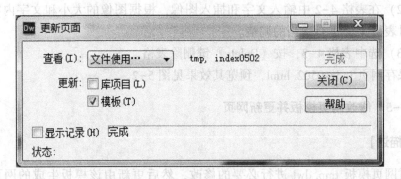

图 5-17 〖更新页面〗对话框

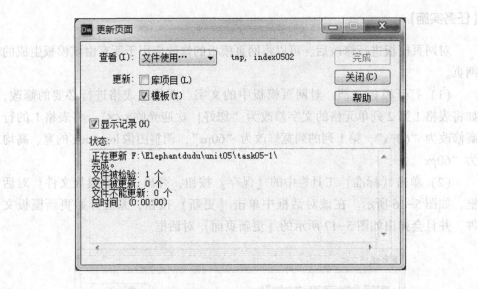

图 5-18 在〖更新页面〗对话框中显示详细的更新信息

（4）在〖更新页面〗对话框中，选择"查看"下拉列表框中的"整个站点"，则要选择需要更新的站点"EDD"，然后单击〖完成〗按钮即可对基于模板创建的网页全部进行更新，如图 5-19 所示。

（5）更新完成后，单击该对话框中的〖关闭〗按钮，更新页面操作结束。

（6）保存更新的网页 index0502.html，预览其效果。

任务 5-6 修改库项目并更新网页

【任务描述】

对库项目的内容进行必要的修改，对插入该库项目的网页进行更新。

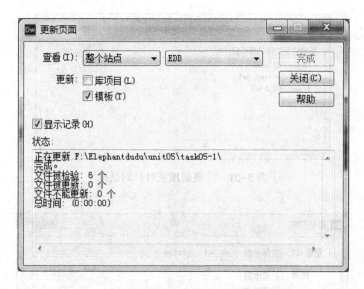

图 5-19 在〖更新页面〗对话框中更新整个站点

【任务实施】

(1) 选中网页模板 "tmp.dwt" 中插入的库项目 "bottom.lbi"，在如图 5-20 所示的 "库项目"〖属性〗面板中单击〖打开〗按钮，打开库项目 "bottom.lbi" 的页面，可对该库项目的内容进行必要的修改，如将版权信息中的年份修改为 "2019"。

图 5-20 库项目 "bottom.lbi" 的〖属性〗面板

(2) 选择菜单〖文件〗→〖保存〗，这时会弹出如图 5-21 所示的〖更新库项目〗对话框。在该对话框中单击〖更新〗按钮，将更新本地站点内插入了该库文件的网页，并且会弹出〖更新页面〗对话框，如图 5-22 所示。

(3) 更新完成后，单击该对话框中的〖关闭〗按钮结束更新操作。

(4) 保存更新的网页 index0502.html，按 F12 预览其效果见图 5-2。

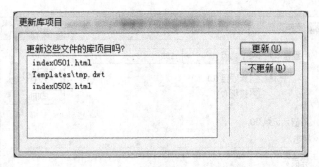

图 5-21 〖更新库项目〗对话框

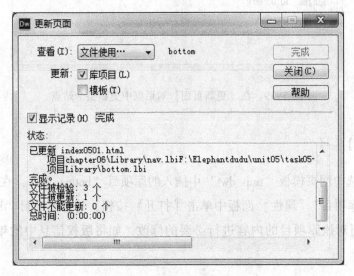

图 5-22 〖更新页面〗对话框

任务小结

本单元使用模板和库制作网页，模板和库的应用不仅可以使多个网页保持相同风格，而且提高了网站维护的效率。另外，通过修改模板和库还可以方便地自动更新所有应用该模板和库的页面。

单元 6 制作表单网页

表单在网页中的作用不可小视，很多人都注册过网站，在注册过程中必须在网页上输入或是选择个人信息，然后提交信息，提交成功后才能成为网站的用户。

表单在网页中的应用非常广泛，它是实现用户登录、用户注册、商品订购、在线调查等客户端和服务器端进行交互的重要工具。它的主要功能就是收集用户信息，并将这些信息传递给后台服务器，服务器端的应用程序对接收到的表单信息进行处理，然后将反馈信息发送给用户，从而实现信息的交互。

本单元以制作用户注册网页为例，介绍如何在网页中插入表单域，如何在表单域中插入标签、文本字段、文本区域、单选按钮、单选按钮组、复选框、复选框组、菜单、按钮等表单控件。

任务6 制作用户注册网页

使用表单和表单元素制作用户注册网页，使得用户可以输入或选择个人信息，实现和服务器端的交互，见图6-1。

任务6-1 准备工作

【任务描述】

（1）创建站点，站点目录结构"Elephant××××\ unit06\ task06-1"。

（2）在站点中建立子文件夹"images"，设置默认图像文件夹。

（3）新建网页"index0601. html"，设置网页标题，制作用户注册网页顶部效果。

【任务实施】

（1）创建站点。

在"Elephant××××"文件夹下新建"unit06"文件夹，在"unit06"文件夹下新建"task06-1"文件夹，作为单元6的本地站点文件夹。

（2）建立子文件夹"images"。

在〖文件〗面板中已经建好的站点根目录上单击右键，在弹出的快捷菜单中选择〖新建文件夹〗命令，然后将文件夹重命名为"images"，并将文件夹images设置为默认图像文件夹。

*用户名： _____ (6-12位字母、数字组合)

*密码： _____ (6-20位字母、数字组合)

*确认密码： _____ (再次输入密码)

用户类别： ○公司 ○个人

用户所属地： 北京 ▼

经营范围： □团购 □批发 □零售

*E-mail： _____ (获取注册激活邮件)

购买需求： 请简单描述您的购买意向！

□同意《×××用户服务条款》

立即注册

图 6-1 用户注册网页的浏览效果

（3）新建网页"index0601.html"，设置网页标题，制作用户注册网页顶部效果。

1）在站点根目录下新建网页"index0601.html"，设置网页标题"用户注册"。

2）设置页面属性："左边距"和"上边距"均设置为"0px"。

3）在网页中插入 1 行 2 列的表格 1，宽度"750px"，单元格间距、边距、边框均为"0"，表格"居中"。

4）设置表格 1 的行高为"180px"，第 1 列宽"225px"，第 2 列宽"525px"；

5）在第 1 列单元格中插入图像"images/logo.png"，调整图像宽度"225px"，高度"180px"；

6）在第 2 列单元格中插入图像"images/zc.png"，调整图像宽度"525px"，高度"180px"。

任务 6-2　插入表单并设置属性

【任务描述】

(1) 在表格 1 下方插入表单 form1。

(2) 设置表单 form1 的相关属性。

【任务实施】

(1) 在表格 1 下方插入表单 form1。

将光标定位在表格 1 的右侧，单击〖表单〗工具栏中的第一个〖表单〗工具按钮 ▢ ，即可在网页中定义一个表单域，表单域在设计视图中显示为一个红色虚线框的范围，如图 6-2 所示。

图 6-2　插入〖表单域〗

(2) 设置表单 form1 的相关属性。

在标签选择器中选择插入的表单域，单击鼠标右键弹出如图 6-3 所示的快捷菜单。

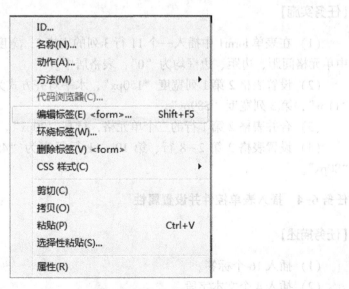

图 6-3　表单域的快捷菜单

选择菜单〖编辑标签（E）<form>...〗，弹出〖标签编辑器-form〗对话框。在〖标签编辑器-form〗对话框的"方法"下拉菜单中选择"post"，在"编码类型"下拉菜单中选择"application/x-www-form-urlencoded"，"名称"为"form1"，在"目标"下拉菜单中选择"_blank"选项，如图6-4所示。

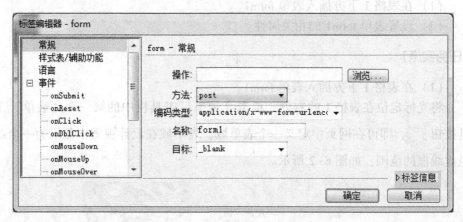

图6-4 〖标签编辑器-form〗对话框

任务6-3 使用表格布局表单网页

【任务描述】

在表单form1中使用表格技术布局表单网页。

【任务实施】

（1）在表单form1中插入一个11行3列的表格2，宽度为"750px"，表格居中单元格间距、边距、边框均为"0"，表格居中。

（2）设置表格2第1列宽度"150px"，水平对齐方式为右对齐；第2列宽度"11px"，第3列宽度"589px"。

（3）合并表格2第1行的三个单元格，行高"20px"。

（4）设置表格2第2-8行、第10、11行行高为"45px"，第9行行高为"80px"。

任务6-4 插入表单控件并设置属性

【任务描述】

（1）插入16个标签。

（2）插入4个文本字段。

（3）插入 1 个文本区域。

（4）插入 1 个单选按钮组。

（5）插入 1 个复选框。

（6）插入 1 个复选框组。

（7）插入 1 个下拉式菜单。

（8）插入 1 个表单按钮。

【任务实施】

1. 插入 16 个标签

（1）将光标置于表格 2 第 2 行第 1 列单元格中，单击〖表单〗工具栏中的〖标签〗按钮 ，在产生的 <label> 标签中输入 "＊"。

（2）在〖CSS 样式〗面板中新建样式，选择器类型为 "类"，选择器名称为 "star"，如图 6-5 所示。

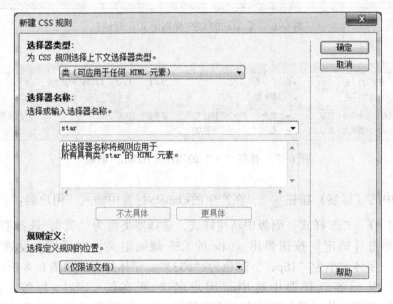

图 6-5　〖新建 CSS 规则〗对话框

单击〖确定〗按钮弹出〖. star 的 CSS 规则定义〗对话框，设置字体颜色为 "#F00"，字体 "加粗"，如图 6-6 所示。

（3）从标签选择器中选中 "＊" 所在的 <label> 标签，在属性〖HTML〗面板中的〖类〗下拉菜单中选择 "star"，如图 6-7 所示，为标签 "＊" 应用样式 ". star"。

（4）将光标置于表格 2 第 2 行第 1 列单元格标签 "＊" 的右侧，单击〖表单〗

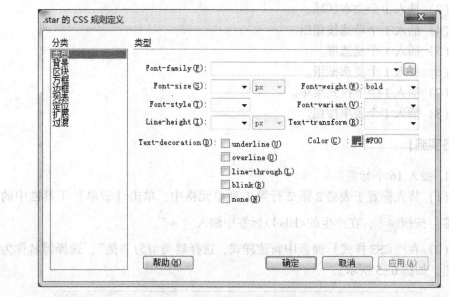

图 6-6 〖.star 的 CSS 规则定义〗对话框

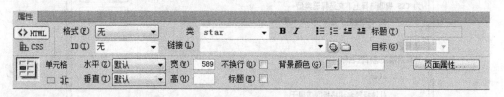

图 6-7 标签"*"的属性〖HTML〗面板

工具栏中的〖标签〗按钮 abc ，在产生的<label>标签中输入"用户名："。

（5）在〖CSS 样式〗面板中新建样式，选择器类型为"类"，选择器名称为 "tw"，单击〖确定〗按钮弹出〖.tw 的 CSS 规则定义〗对话框，设置字体为 "宋体"，字体大小为"16px"，颜色为"#333"，字体加粗，如图 6-8 所示。

（6）从标签选择器中选中"用户名："所在的<label>标签，在属性 〖HTML〗面板中的〖类〗下拉菜单中选择"tw"，为标签"用户名："应用样式 ".tw"。

用同样的方法在表格 2 第 1 列第 3-9 行单元格内依次插入标签"*" "密码：""*""确认密码：""用户类别：""用户所属地：""经营范围：""*" "E-mail：""购买需求"，并分别应用类样式"star"和"tw"。

（7）在〖CSS 样式〗面板中新建样式，选择器类型为"类"，选择器名称为 "ts"，单击〖确定〗按钮弹出〖.ts 的 CSS 规则定义〗对话框，设置字体为"宋 体"，字体大小为"14px"，颜色为"#999"，字体"加粗"。

图6-8　〖.tw的CSS规则定义〗对话框

（8）用同样的方法，在表格2第3列第2、3、4、8行单元格内依次插入标签"（6~12位字母、数字组合）""（6~20位字母、数字组合）""（再次输入密码）""（获取注册激活邮件）"，并分别应用类样式"ts"。

2. 插入4个文本字段

（1）将光标置于表格2第2行第3列单元格的标签<label>之前，单击〖表单〗工具栏中的〖文本字段〗按钮□，弹出〖输入标签辅助功能属性〗对话框，在该对话框的"ID"文本框中输入该文本框的标识"name"，"样式"选择"无标签标记"单选按钮，其他属性保持默认值不变，如图6-9所示。然后单击〖确定〗按钮，在光标位置插入1个文本域。默认插入的是单行文本域。

用同样的方法，在表格2第3列第3、4、8行单元格的标签<label>之前依次插入3个文本字段，设置ID分别为"pwd01""pwd02""mail"，并在〖属性〗面板中将"pwd01""pwd02"两个文本字段的"类型"设置为"密码"单选按钮，如图6-10所示。

（2）设置文本字段的样式。在〖CSS样式〗面板中新建样式，选择器类型为"ID"，选择器名称为"name"，单击〖确定〗按钮弹出〖#name的CSS规则定义〗对话框，设置宽"160px"、高"25px"，边框为"1px"、颜色为"#3795BD"的实线；且ID为"pwd01""pwd02""mail"的3个文本字段样式和文本字段"name"的样式相同，如图6-11和图6-12所示。

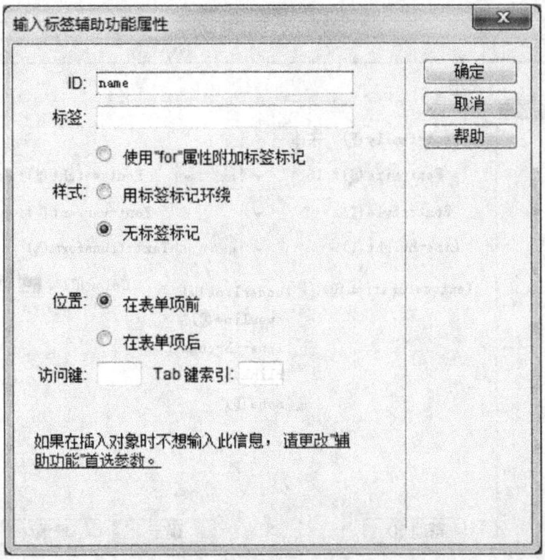

图 6-9 文本字段的〖输入标签辅助功能属性〗对话框

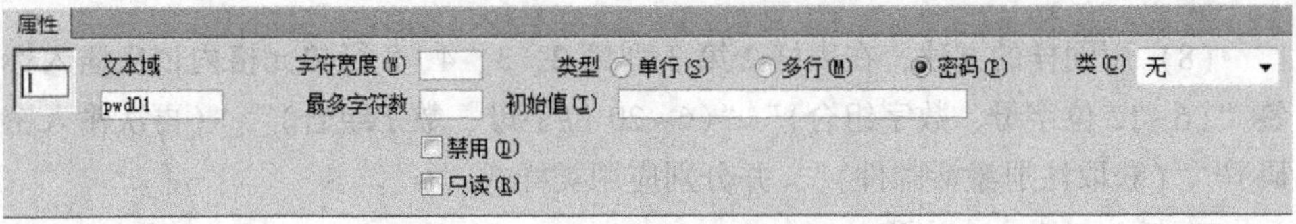

图 6-10 "密码"文本字段的属性设置

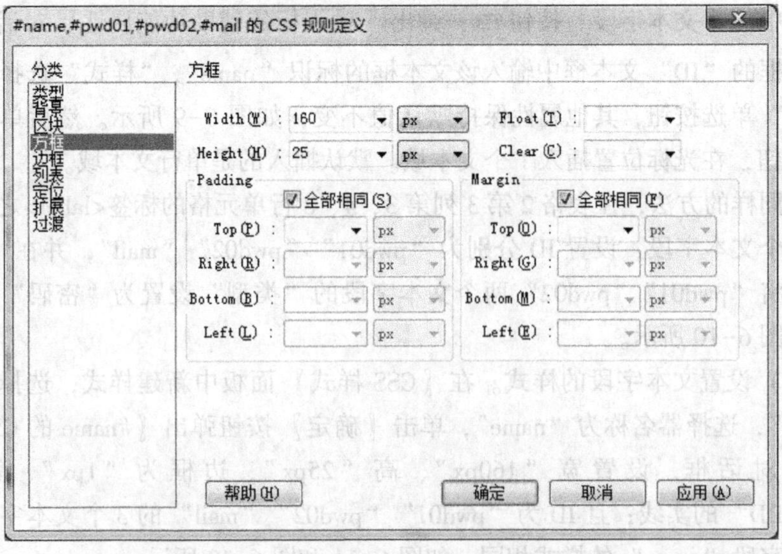

图 6-11 4 个文本字段的〖方框〗属性设置

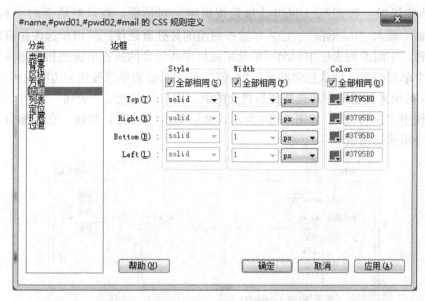

图 6-12 4 个文本字段的〖边框〗属性设置

3. 插入 1 个文本区域

（1）将光标置于表格 2 第 9 行第 3 列单元格中，单击〖表单〗工具栏中的〖文本区域〗按钮 ，弹出〖输入标签辅助功能属性〗对话框，在该对话框的"ID"文本框中输入"intr"，"样式"选择"无标签标记"单选按钮，其他属性保持默认值不变。然后单击〖确定〗按钮，在光标位置插入 1 个文本区域。

（2）设置多行文本区域的属性。在文本域〖属性〗面板的"字符宽度"文本框中输入"50"，"行数"文本框中输入"4"，"初始值"列表框中输入"请简单描述您的购买意向！"，如图 6-13 所示。

图 6-13 文本区域的属性设置

用同样的方法，在〖CSS 样式〗面板中新建样式，选择器类型为"ID"，选择器名称为"intr"，单击〖确定〗按钮弹出〖#intr 的 CSS 规则定义〗对话框，设置边框为"1px"、颜色为"#3795BD"的实线。

4. 插入 1 个单选按钮组

（1）将光标置于表格 2 第 5 行第 3 列单元格中，单击〖表单〗工具栏中的

〖单选按钮组〗按钮▣，弹出〖单选按钮组〗对话框。在该对话框的"名称"文本框中输入"usertype"，插入单选按钮组的好处就是使同一组单选按钮有统一的名称。中间的列表框中列出了单选按钮组中所包含的所有单选按钮，每一行代表1个单选按钮，默认包含两行。"标签"列用来设置单选按钮旁边的说明文字，"值"列用来设置选中单选按钮后提交的值，用户类别包括"公司"和"个人"，布局使用"换行符"，如图6-14所示。然后单击〖确定〗按钮，在光标位置插入1个单选按钮组。

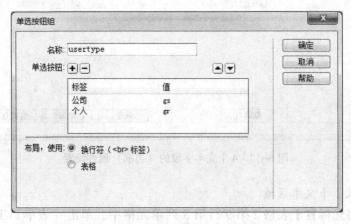

图6-14 〖单选按钮组〗对话框

(2) 删除两个单选按钮之间的换行符。

5. 插入1个复选框

(1) 将光标置于表格2第10行第3列单元格中，单击〖表单〗工具栏中的〖复选框〗按钮☑，弹出〖输入标签辅助功能属性〗对话框，在该对话框的 ID文本框中输入"agree"，标签文本框中输入"同意《×××用户服务条款》"，样式选择"无标签标记"单选按钮，位置选择"在表单项后"单选按钮，如图6-15所示。然后单击〖确定〗按钮，在光标位置插入1个复选框。

(2) 设置超链接。选中复选框标签中的文字"《×××用户服务条款》"，在〖属性〗面板为其设置空链接；设置超链接一般状态和已访问状态的样式"a:link，a:visited"，如图6-16所示；设置鼠标指向超链接时的样式"a:hover"，如图6-17所示。

6. 插入1个复选框组

(1) 将光标置于表格2第7行第3列单元格中，单击〖表单〗工具栏中的〖复选框组〗按钮▣，弹出〖复选框组〗对话框，在该对话框的名称文本框中输入"range"。中间的列表框中列出了复选框组中所包含的所有复选框，每一行代表1个复选框，默认包含两行。"标签"列用来设置复选框旁边的说明文字，

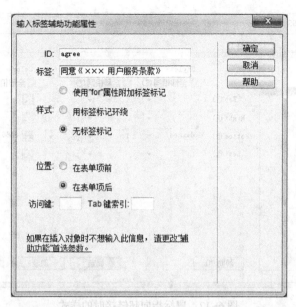

图 6-15　复选框的〖输入标签辅助功能属性〗对话框

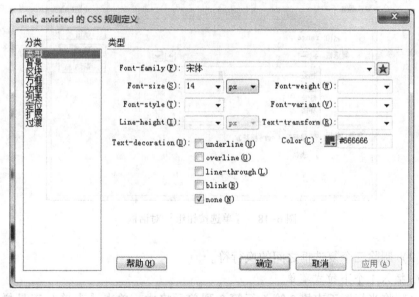

图 6-16　超链接一般状态和已访问状态的样式

"值"列用来设置选中复选框后提交的值，经营范围包括"团购""批发"和"零售"，布局使用"换行符"，如图 6-18 所示。然后单击〖确定〗按钮，在光标位置插入 1 个复选框组。

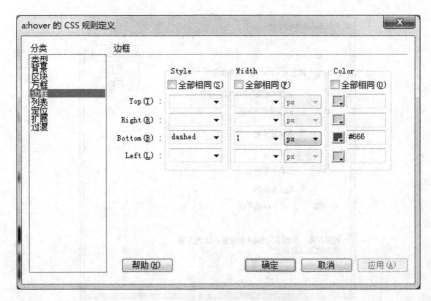

图 6-17　鼠标指向超链接时的样式

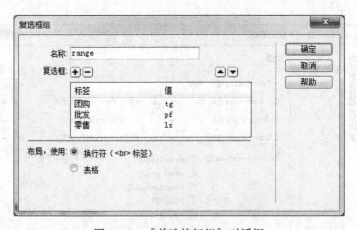

图 6-18　〖单选按钮组〗对话框

（2）删除三个复选框之间的换行符。

7. 插入 1 个下拉式菜单

（1）将光标置于表格 2 第 6 行第 3 列单元格中，单击〖表单〗工具栏中的〖选择（列表/菜单）〗按钮，弹出〖输入标签辅助功能属性〗对话框，在该对话框的"ID"文本框中输入"position"，"样式"选择"无标签标记"单选按钮，其他属性保持默认值不变，如图 6-19 所示。然后单击〖确定〗按钮，在光标位置插入 1 个列表/菜单。

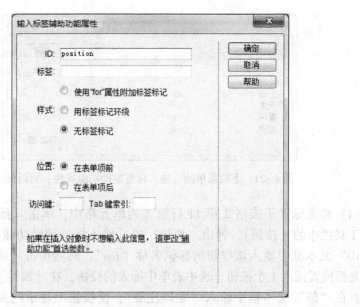

图 6-19 下拉菜单的〖输入标签辅助功能属性〗对话框

（2）如图 6-20 所示，在"列表/菜单"〖属性〗面板的"类型"中单击选择"菜单"单选按钮，然后单击〖列表值〗按钮，弹出〖列表值〗对话框，在该对话框中，中间的列表项中列出了该菜单所包含的所有选项，每一行代表 1 个选项。"项目标签"用来设置每个选项所显示的文本，"值"设置的是选项的值。

图 6-20 下拉菜单的〖属性〗面板

单击〖+〗按钮，即可为菜单添加 1 个新项，在此分别添加北京、上海、天津、重庆、安徽、福建、甘肃、广东、广西、贵州、海南、河北、黑龙江、河南、湖北、湖南、内蒙古、江苏、江西、吉林、辽宁、宁夏、青海、山西、陕西、山东、四川、西藏、新疆、云南、香港、澳门、台湾等 34 项，见图 6-21。

在"列表值"对话框中单击〖确定〗按钮，返回到〖属性〗面板，这时"初始化时选定"列表项中会出现刚设置的菜单项。

8. 插入 1 个表单按钮

表单按钮控制对表单内容的操作，如"提交"或"重置"。要将表单内容发送到服务器端，使用"提交"按钮；要清除现有的表单内容，使用"重置"按钮。

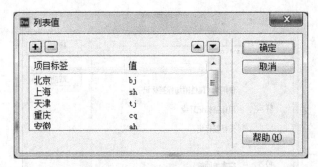

图 6-21 下拉菜单的〖输入标签辅助功能属性〗对话框

（1）将光标置于表格 2 第 11 行第 3 列单元格中，单击〖插入〗面板"表单"工具栏中的〖按钮〗，弹出"按钮"的〖输入标签辅助功能属性〗对话框，在"ID"文本框中输入该按钮的标识名称"reg"，然后单击〖确定〗按钮，即可在光标位置插入 1 个按钮。选中表单中插入的按钮，在〖属性〗面板中设置其属性，在"值"文本框中输入"立即注册"，使按钮上显示的文字为"立即注册"；动作类型选择"提交表单"单选按钮，属性设置结果如图 6-22 所示。

图 6-22 提交按钮的属性设置

（2）设置提交按钮的样式。在〖CSS 样式〗面板中新建样式，选择器类型为"ID"，选择器名称为"reg"，单击〖确定〗按钮弹出〖#reg 的 CSS 规则定义〗对话框，在〖方框〗分类中设置宽"120px"、高"35px"；在〖背景〗分类中设置背景颜色为"#E91735"；在〖类型〗分类中设置字体为"宋体"，字体大小"16px"，字体颜色"#FFF"，字体加粗；在〖区块〗分类中设置显示风格为"inline-block"，如图 6-23 所示。

保存网页，预览其效果。

〖知识储备〗

1. 表单的组成

一个表单有两个基本组成部分：

（1）表单标签<form>：用于定义表单域，包含了处理表单数据所用应用程序的 URL 以及将数据提交到服务器的方法。

（2）表单元素：又称为表单控件，指表单包含的多个对象，如文本框、密码框、隐藏域、多行文本框、复选框、单选框、下拉选择框、字段集和按钮等。

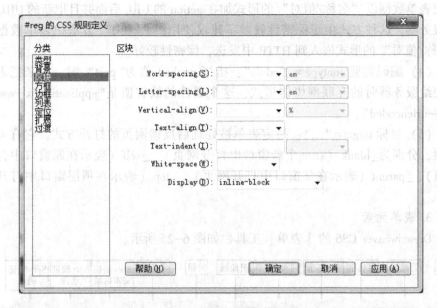

图 6-23　提交按钮的〖区块〗属性设置

2. 表单标签\<form\>…\</form\>

功能：用于定义表单域，决定采集数据的范围，只有\<form\>和\</form\>之间包含的数据将被提交到服务器端。

语法：\<form action = "URL" method = "GET | POST" enctype = "MIME" target
　　　= "…" \>

　　　……

　　　\</form\>

表单域属性面板如图 6-24 所示。

图 6-24　表单域属性面板

（1）表单 ID：用来设置表单的名称。

（2）动作 action = "URL"：指定服务器端的应用处理程序，它可以是一个 URL 地址。

（3）方法 method = "GET | POST"：设置表单数据发送到服务器端的方式，它有 3 个选项，即"默认""GET"和"POST"。其中，"默认"和"GET"方

法把表单数据以"名称/值对"的形式加在 action 的 URL 后面并且把新的 URL 送至服务器, 这种方式由于保密性较差不建议使用; "POST"方法把表单数据以"名称/值对"的形式嵌入到 HTTP 中发送, 保密性较好。

(4) 编码类型 enctype = "cdata": 指当 method 值为"post"时, 用来把表单提交给服务器时的互联网媒体形式, 这个属性的缺省值是"application/x-www-form-urlencoded"。

(5) 目标 target = "…": 指定表单被处理后反馈网页的打开方式, 它有 4 个选项, 分别为_blank (在一个新窗口中打开网页)、_self (表示在原窗口中打开网页)、_parent (表示在父窗口中打开网页)、_top (表示在顶层窗口中打开网页)。

3. 表单元素

Dreamweaver CS6 的〖表单〗工具栏如图 6-25 所示。

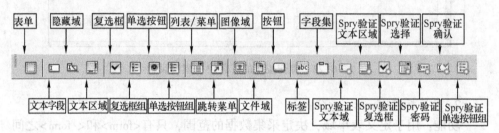

图 6-25 〖表单〗工具栏

任务小结

表单在网页中的应用非常广泛, 它是实现用户登录、用户注册、商品订购、在线调查等客户端和服务器端进行交互的重要工具。

本单元介绍了如何制作表单网页以及表单网页的美化, 具体包括表单域、文本字段、文本区域、单选按钮、单选按钮组、复选框、复选框组、下拉式菜单、表单按钮等各种表单元素的插入及其属性设置。

单元 7　制作包含行为特效的网页

行为是用来动态响应用户操作、改变当前页面效果或是执行特定任务的一种方法。行为能够为网页添加许多功能，例如交换图像、弹出信息框、设置状态栏文本、调用 JavaScript、检查表单信息等。

本单元以设置弹出信息行为和验证用户注册网页信息为例，介绍如何通过行为的设置实现简单的网页特效。

任务 7　验证用户注册网页信息

当用户打开×××用户注册网页时，弹出"欢迎注册×××！"信息，如图 7-1 所示；用户填写或选择完注册信息后，单击"立即注册"按钮检查表单必填信息是否填写且填写信息是否符合要求，如图 7-2、图 7-3 所示。

图 7-1　弹出信息

任务 7-1　设置弹出信息行为

【任务描述】

当用户打开×××用户注册网页时，弹出"欢迎注册×××！"信息。

【任务实施】

1. 选择设置行为的对象

打开"task06-1"文件夹下的用户注册网页"index0601.html"，在网页空白

图 7-2 检查表单某些信息必填

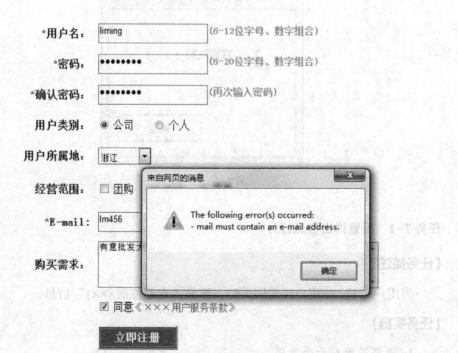

图 7-3 检查表单某些信息必须符合要求

处单击或在标签选择器中选择<body>标签，使得网页成为当前选定对象。

2. 添加"弹出信息"行为

打开〖标签检查器〗面板，单击〖标签检查器〗面板左上方的〖行为〗按钮，打开行为面板，如图7-4所示。

单击行为面板中的按钮 +,，打开如图7-5所示的动作菜单。

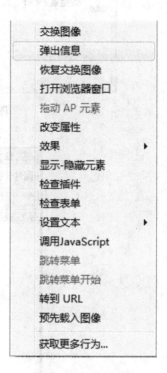

图 7-4　行为面板　　　　　　　　　　　　　　图 7-5　动作菜单

单击动作菜单中的"弹出信息"菜单项，弹出"弹出信息"对话框，如图7-6所示。

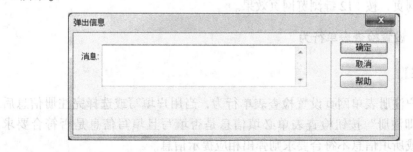

图 7-6　弹出信息对话框

在消息文本区域中输入文字"欢迎注册×××!",如图7-7所示,单击〖确定〗按钮完成弹出信息行为的设置,行为窗口如图7-8所示,此时弹出信息动作的默认触发事件为"onLoad"。

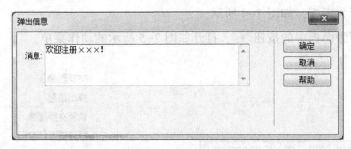

图 7-7 输入弹出信息

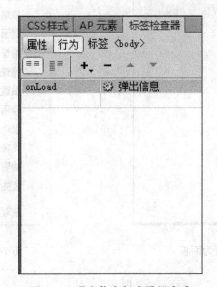

图 7-8 弹出信息行为设置完成

保存网页,按 F12 键浏览网页效果。

任务 7-2 设置检查表单行为

【任务描述】

为用户注册表单网页设置检查表单行为,当用户填写或选择完注册信息后,单击"立即注册"按钮检查表单必填信息是否填写且填写信息是否符合要求,若未填写或所填信息不符合要求则弹出相应提示信息。

【任务实施】

1. 选择设置行为的对象

打开用户注册网页"index0601. html"，在表单内任意位置单击，在标签选择器中选择<form>标签，使得表单成为当前选定对象。

2. 添加"检查表单"行为

单击行为面板中的按钮 ＋.，弹出如图7-9所示的动作菜单，选择〖检查表单〗菜单项弹出〖检查表单〗对话框，如图7-10所示，在"域"列表框中显示用户注册表单网页中用于填写信息的各表单元素。

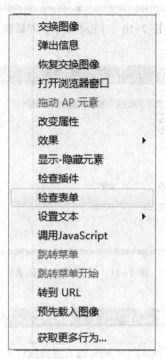

图7-9　〖检查表单〗菜单项

单击"域"列表框中的第一个列表项 input " name"，勾选"值"右侧"必需的"复选框，此时第一个列表项 input " name" 后会多出"（R）"条目，如图7-11所示，用于设置表单中 ID 为"name"的对象即用户名是必填内容。

用同样的方法，依次选择"域"列表框中的列表项 input " pwd01"、input " pwd02"，勾选"值"右侧"必需的"复选框，完成后"域"列表框中的列表项效果如图7-12所示，从而设置表单中密码和确认密码是必填内容。

选择"域"列表框中的列表项 input " mail "，勾选"值"右侧"必需的"

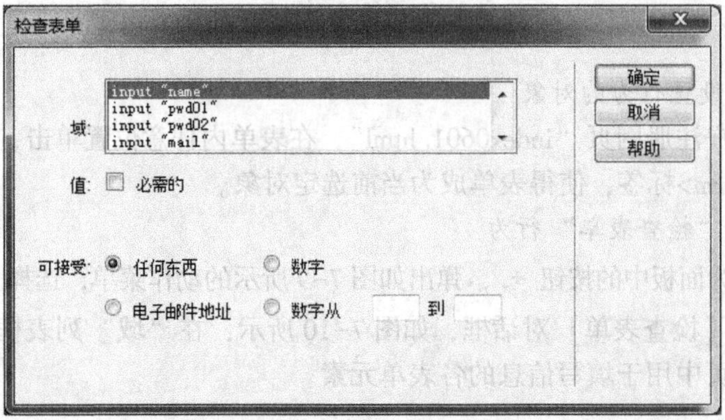

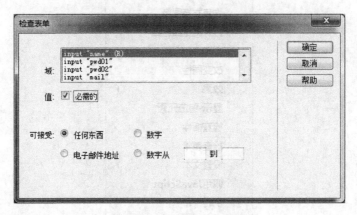

图 7-10　〖检查表单〗对话框

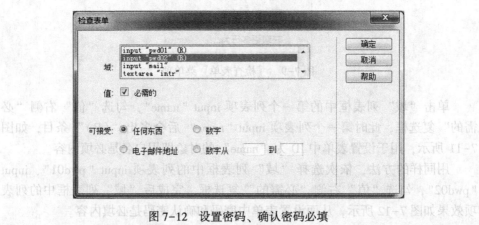

图 7-11　设置用户名必填

图 7-12　设置密码、确认密码必填

复选框，并单击"可接受"右侧的"电子邮件地址"，完成后"域"列表框中的列表项效果如图 7-13 所示，从而设置表单中 E-mail 是必填内容，且输入内容必须是电子邮件地址。

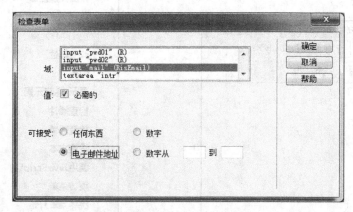

图 7-13   设置电子邮件必填且只能填写电子邮件地址

单击〖确定〗按钮完成〖检查表单〗行为的设置，保存网页，按 F12 键浏览网页效果。

〖知识储备〗

行为是由事件所触发的动作组成，而事件只能针对某一对象进行。例如：当用户把鼠标移动到一个超链接上时，这个链接就产生了一个鼠标经过事件，如果为这个事件添加了动作，则动作被执行。因此行为由对象、事件和动作构成。

行为是 Dreamweaver 预置的 JavaScript 程序库，当指定的事件被触发时，将运行相应的 JavaScript 程序，执行相应的动作，所以在创建行为时首先要选择某一对象，为其指定一个动作，再指定触发动作的事件。

在 Dreamweaver 中打开〖标签检查器〗面板，单击〖标签检查器〗面板左上方的〖行为〗按钮，打开行为面板，如图 7-14 所示。

单击行为面板中的按钮 **+,**，打开如图 7-15 所示的动作菜单，可以添加动作；选中已经添加的某一行为，单击行为面板中的按钮 **—**，可以删除动作。

常见的动作有：

（1）交换图像：通过更改 img 标签的 src 属性，将一个图像和另一个图像进行交换。

（2）恢复交换图像：将最后一组交换的图像恢复为它们以前的源文件，通常与交换图像动作配合应用实现图像的交替显示。

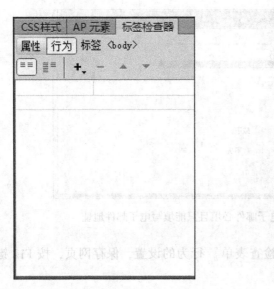

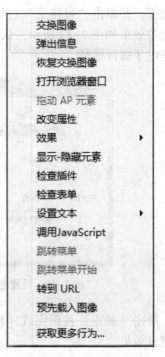

图 7-14 行为面板　　　　　　　　图 7-15 动作菜单

（3）预先载入图像：该动作会使图像载入浏览器缓存中，用于防止当图像应该出现时由于下载而导致延迟。

（4）弹出消息：在页面上显示一个信息对话框，给用户一个提示信息。

（5）打开浏览器窗口：使用"打开浏览器窗口"动作在一个新的窗口中打开 URL。

（6）改变属性：该动作可以动态地改变对象属性，比如图像的大小、层的背景色等。

（7）效果：可以为所选对象设置增大/收缩、显示/渐隐、滑动、高亮颜色等效果。

（8）显示/隐藏元素：用于显示或隐藏某一元素。

（9）检查表单：检查指定文本域的内容以确保用户输入了正确的数据类型。

（10）检查插件：有时候制作的网页需要某些插件的支持，例如插入了 Flash 动画的网页，可以使用该动作对用户浏览器的插件进行检查，确定是否安装了指定的插件。

（11）调用 JavaScript：该动作允许设置当某些事件被触发时，调用相应的 JavaScript 脚本以实现相应的动作。

（12）转到 URL：可以指定当前浏览器窗口或者指定的框架窗口载入指定的页面。

（13）跳转菜单：该动作用于编辑跳转菜单。跳转菜单是文档中的弹出菜单，对站点访问者可见，并列出链接到文档或文件的选项。

当选定某个动作时，事件右侧出现一个箭头，按此箭头打开事件处理的下拉菜单，如图 7-16 所示。

图 7-16　事件处理下拉菜单

通过下拉菜单可以选择触发动作发生的条件，常见的事件有：

（1）onBlur：对象失去焦点时触发动作。

（2）onFocus：对象获得焦点时触发动作。

（3）onClick：单击对象时触发动作。

（4）onDblClick：双击对象时触发动作。

（5）onLoad：指定对象装入内存时触发动作，通常用于 Body 对象。

（6）onUnLoad：卸载或关闭指定对象时触发动作。

（7）onMouseDown：当鼠标上的按钮被按下时触发动作。

（8）onMouseUp：当鼠标按下后再松开时触发动作。

（9）onMouseOver：当鼠标移动到某对象范围的上方时触发动作。

（10）onMouseMove：当鼠标移动时触发动作。

（11）onMouseOut：当鼠标离开某对象范围时触发动作。

（12）onKeyPress：当键盘上的某个键被按下再释放时触发动作。

（13）onKeyDown：当键盘上某个按键被按下时触发动作。

（14）onKeyUp：当键盘上某个按键被按放开时触发动作。

任务小结

本单元通过行为的设置实现了简单的网页特效，通过使用行为，无需掌握复杂的 JavaScript 代码就可以完成几行甚至几十行代码才能实现的网页特效。